AF905955

Ellen de Sousa Marques

Erziehung BRAUCHT Beziehung

HUNDEERZIEHUNG ANHAND MENSCHLICHER BEZIEHUNGS-PARALLELEN ERKLÄRT

KOSMOS

INHALT

EINFACH MAL VERMENSCHLICHEN

DIE FOLGENDEN KURZGESCHICHTEN SOLLEN ZEIGEN, WAS IN BEZIEHUNGEN SO ALLES FALSCH LAUFEN KANN, OHNE DASS MAN ES SOFORT BEMERKT. UND WENN AUCH NICHT GANZ KORREKT, DANN ÜBERTRAGE DIESES VERHALTEN EINMAL AUF DICH UND DEINEN HUND. FÄLLT DIR ETWAS AUF?

KURZGESCHICHTEN

Kurztrip 1 – Die leicht zu Habende

Stell dir vor, deine beste Freundin erzählt dir etwas enttäuscht von dem neuen Mann, den sie vor Kurzem kennengelernt hat. Sie versucht ihn nun schon den ganzen Tag zu erreichen und hat bestimmt 30 Mal bei ihm angerufen. Während sie sich bei dir ausheult, klingelt ihr Handy. Sie unterbricht sofort eure Unterhaltung, nimmt ab und ist völlig hin und weg, weil er sich endlich meldet!

Kurztrip 2 – Nix miteinander am Hut

Stell dir vor, dein Partner, mit dem du neun Jahre mehr oder weniger glücklich zusammenlebst, steht neben dir in der Schlange zur Eröffnungsparty eines neuen Szene-Lokals. Du freust dich auf einen gemeinsamen Abend! Im besten Falle wird es wohl eine Mischung aus lustigen Gesprächen, gackerndes Lästern über fehlende Tanzkünste und der ein oder anderen zärtlichen Berührung unter Liebenden, gepaart mit ein paar guten Drinks und einem beschwipsten Heimgehen in Zweisamkeit.
Ihr bezahlt also an der Abendkasse, erhaltet euren Eintrittsstempel, ihr gebt noch gemeinsam eure Jacken an der Garderobe ab, erhaltet einen gemeinsamen Kleiderabholschein und dein Partner wünscht dir viel Spaß mit den Worten „Ich hole mir erst einmal einen Drink!“ Dann ist er verschwunden – einfach weg!

Du gesellst dich zu deinen Freundinnen, die an dem Abend auch da sind und triffst deinen „extern orientierten“ Freund gegen 1:20 Uhr während des Anstehens an der Toilette wieder … gegen 2:30 Uhr hattet ihr beide getrennt voneinander euren Spaß, du vielleicht ein bisschen weniger, weil deine Erwartungen hinsichtlich eines gemeinsamen Abends nicht erfüllt wurden, aber ihr fahrt zumindest gemeinsam nach Hause.

Nach vielen Monaten gemeinsamen Trainings kann Camo „sein Köln" nun genauso genießen wie ich.

Würde sich dieses Szenario immer wieder wiederholen, bin ich mir sicher, dass deine Freundinnen Bedenken über deine Beziehung äußern würden. Ist der Freund sich deiner so sicher, dass er mit seinem Boot immer wieder weit aufs Meer hinausfahren kann, weil er weiß, er kann jederzeit in den Hafen zurückkehren? Möchte er dir soviel Freiheit wie nötig lassen oder habt ihr an solchen Abenden einfach verschiedene Interessen und keinen gemeinsamen Nenner? Ist dein Freund auf der Suche nach Dingen, die er braucht und (mit dir) noch nicht hat? Ist ihm langweilig mit dir oder ist er einfach so abgelenkt von Drink-Gerüchen und schönen Frauen?

Kurztrip 3 – Mit der man es machen kann

Stell dir vor, du kommst nach einem langen Arbeitstag erschöpft und voll bepackt mit einer Einkaufstüte links und einer Einkaufstüte rechts und der Laptop-Tasche unterm Arm nach Hause. An der Tür streifst du dir die vom Regen nassen Stiefel von den Füßen, kommst in die Wohnung und dein Freund schubst dich mit voller Wucht gegen die noch offene Wohnungstür. Dir fallen die Tüten aus der Hand, dein Laptop knallt auf den Parkettboden und dein Freund? Er wühlt in deinen Tüten, schnappt sich die mitgebrachte Tiefkühlpizza und freut sich wie Bolle.

Sehen wir solch einen Umgang in anderen Beziehungen, würden wir sicher unsere Meinung kundtun. Wir würden anmerken, dass es von außen betrachtet nicht wie eine gesunde Beziehung aussieht, dass man meinen könne, hier lebe man unverstanden aneinander vorbei und man würde fragen, warum derjenige sich eigentlich so respektlos behandeln lässt.

Betrifft das aber unsere eigene Beziehung zum Partner, zur Partnerin oder zum Hund, dann ist man häufig blind auf beiden Augen. Hast du dich nicht auch schon einmal dabei ertappt, Dinge bei deinem Hund zu dulden, die du bei einer Freundin ganz sicher nicht ignorieren würdest? Findest du Dinge bei deinem Hund lustig, die du bei deinem Partner verabscheuen würdest?

WARUM WIR HUNDE ANDERS SEHEN

Ich glaube, es liegt oft daran, dass wir Hunden die Fähigkeit absprechen, dass sie bestimmte Dinge tatsächlich genauso meinen wie ein Partner oder die beste Freundin. Wir wollen oft gar nicht glauben, dass es keine Freude ist, wenn Rex einem mit Karacho in die Magengrube springt, nur weil er eine Stunde allein zu Hause war. Wir wünschen uns einfach, dass die Bedeutung eine andere ist: *„Er freut sich unglaublich, mich zu sehen. Er liebt mich!"* Dass dein Hund dich liebt, das wage ich nicht einmal zu bezweifeln. Wir müssen uns aber immer fragen, ob es gesund ist, Respektlosigkeit zu dulden und dem Hund im Grunde auch ein falsches Bild zu vermitteln.
Ein Hund fühlt sich genau wie wir erst dann sicher, wenn die Lebenssituation klar und seine Sozialpartner berechenbar, lesbar und konsequent in ihrem Handeln sind. Nur so kann man sich auf sie verlassen, nur so sind sie einzuschätzen. Man erwartet nicht jeden Tag eine andere Überraschung. Ich weiß, dass es nicht richtig ist, einen Hund zu vermenschlichen. Das passiert meist im falschen Kontext. Was ich mir aber wünsche, ist, dass du dir einmal vorstellst, was es mit dir und deinem Gegenüber macht, wenn du bestimmte Alltagssituationen mit menschlichen Beziehungen vergleichst – sie einfach mal vermenschlichst. Bello steckt mit der Nase in Mauselöchern, frisst Hasenköttel wie Schokodrops oder möchte gerade über Hassos Pipi drüberpinkeln, während Frauchen buhlt, bittet und bettelt, ihr bitte endlich einmal die gebührende Aufmerksamkeit zu schenken. Es wird gerufen, geschimpft, bestochen. Aber ganz tief im Herzen weiß Bello, dass er Frauchen nur einmal anzustupsen braucht, schon ist alles wieder in Butter und die Welt in Ordnung.

BEZIEHUNGSFÄHIGKEIT

Ich frage mich, ob es in gewisser Weise notwendig ist, beziehungsfähig zu sein, um den Transfer zwischen Hundeerziehung und menschlichen Beziehungen zu leisten. Dabei ist es egal, ob es um eine Paarbeziehung, die Beziehung zu deiner Mutter oder zu einer Freundin geht. Wenn du es schaffst, generell eine faire Beziehung zu führen, dann kannst du das auch auf deinen Hund übertragen. So habt ihr ein faires Miteinander. Das bedeutet nicht, immer nur Harmonie und niemals Konflikte zu haben, sondern ein gutes Mittelmaß – eine Balance, wie in Freundschaften oder Paarbeziehungen.
Ein bekannter Hundetrainer hat einmal gesagt: Wenn er einen Hund und seinen Menschen zusammen sieht, kann er daraus auf das gesamte Leben des Menschen schließen. Das fand ich sehr interessant, weil es oft stimmt. Natürlich sind das manchmal nur Momentaufnahmen, aber dennoch zeigt sich oft viel über den Menschen in seiner Beziehung zum Hund.

„ICH PERSÖNLICH MUSS HUNDEERZIEHUNG OFT MIT MENSCHLICHEN BEISPIELEN VERGLEICHEN, UM SIE ZU VERSTEHEN. DIESE BILDER KOMMEN MIR SEHR SCHNELL IN DEN KOPF, WEIL ICH MIR AUF DIESE WEISE ESELSBRÜCKEN BAUE."

CARLINO

DER ERSTE HUND IN MEINEM LEBEN

Als vor 15 Jahren mein Boxerrüde Carlino bei mir einzog, hatte ich wie viele andere nur eines im Kopf: dass die Erziehung eines Hundes mit Signalen wie Sitz, Platz und Fuß einhergeht.

Ich bin in die Hundeschule gegangen und habe fleißig Sitz, Platz und Fuß trainiert … ein richtiger Streber war mein Hund, bis er ein paar Monate auf dem Buckel hatte. Rassebedingt steckte er voller Energie und hatte auch dank mir keine Impulskontrolle.

Jeder Mensch, der mir „Hallo" sagte, war automatisch in seinen Augen jemand, der auch ihm „Hallo" sagte. Carlino rastete förmlich aus. Er wackelte am ganzen Körper. Er schlug mit seiner Rute überall dagegen und was nicht niet- und nagelfest war, fiel um. Er schlug sich die Rute teilweise blutig. Er war so aufgeregt und leicht reizbar, dass er in einer Drogerie alle Parfumflacons in Kniehöhe auf den Boden schleuderte, weil irgendjemand ihn ansah und *„Ach, der ist ja süß!"* sagte. Der Höhepunkt aber war, als Carlino in einem Lottogeschäft auf die Theke springen wollte, weil die Dame dahinter eine etwas höhere Stimmlage hatte und in unsere Richtung säuselte.

An brav Fußlaufen war einfach nicht zu denken. Sobald irgendeine Pinkelstelle, ein anderer Hund, ein anderer Mensch oder eine flatternde Tüte oder ein Döner in seinem Sichtfeld erschienen, war ich abgemeldet. Ich war einfach Luft! Fleischwurst, Käse und irgendwelche Nassfuttertuben prallten an ihm ab. Warf ich einen Ball, rannte er kurz hinterher, sprintete daran vorbei und pinkelte an den nächsten Baum. Danach scharrte er wie ein Muskelprotz auf dem Kölner Ring, um irgendwelchen Hündinnen zu imponieren. Aus heutiger Sicht ist aber spannend, dass ich ihn trotzdem immer wieder von der Leine ließ, obwohl er nicht abrufbar war. Er zog mich mit der Leine derart zum Park, dass ich um meine Schulter fürchtete und nur froh war, ihn abzuleinen. Ich hatte das Gefühl, er platze sonst vor Energie. Das war natürlich die Quadratur des Kreises …

Ich habe damals nicht verstanden, dass es nicht darum geht, wie und was ich in sein Ohr sage, sondern darum, sein Ohr und damit sein Gehirn überhaupt zu erreichen.

BEZIEHUNG, ERZIEHUNG & TRAINING

ACHTUNG!
DER VEREIN ZUM SCHUTZ DER LÄMMER SAGT:
DASS ROTES FLEISCH NICHT GESUND IST.
DESHALB
HABEN WIR NEBENAN
EIN FISCHRESTAURANT FÜR SIE ERÖFFNET.
brot.wein.fisch.und...

WIE BEKOMMST DU DAS OHR DEINES HUNDES?

DIE ZENTRALE FRAGE, WIE MAN DAS „OHR SEINES HUNDES BEKOMMT" – ALSO WIE MAN DIE BEZIEHUNG ZU IHM VERBESSERT, STABILISIERT UND IN DIE GEWÜNSCHTE RICHTUNG LENKT – IST WICHTIG.

Nur mit gegenseitigem Vertrauen zwischen dir und deinem Hund, einem sicheren Rahmen und entsprechender Auslastung, die seinen Bedürfnissen entspricht, wird er bereit sein, dir zuzuhören und mit dir zu arbeiten, um dann deine trainierten Signale zu befolgen. Dies ist der Schlüssel zu einer erfolgreichen Kommunikation und letztlich zu einer effektiven Erziehung. Hört dein Hund dir nicht zu, kannst du ihm auch keine Signale beibringen, die du im Alltag aber brauchst. Denn nur ein Hund, auf den du dich verlassen kann, der deine Signale einhält, kann Freilauf genießen und überall mit hingenommen werden.
Ein Partner kann nicht verändert werden, wenn er keine Lust hat, mit uns zusammenzuleben. In einem Geschäftsverhältnis können keine Konditionen verhandelt werden, wenn die Mitarbeitenden nicht geschätzt werden. Lektionen des Lebens können einem Kind nicht vermittelt werden, wenn das Kind das Gefühl hat, die Lehrkraft sei nicht kompetent oder sozial nicht kompatibel.

Mein Tipp
Frag dich doch mal, ob du das Verhalten deines Hundes auch bei einem Freund toll finden würdest.

BEZIEHUNGSPARALLELEN

Die Beziehung zu unserem Hund lässt sich in vielerlei Hinsicht mit den Beziehungen vergleichen, die wir zu anderen Menschen pflegen – sei es zu Eltern, Freunden oder Arbeitskolleg*innen. Es gibt erstaunlich viele Parallelen und Regeln, die sowohl in der Mensch-Hund-Beziehung als auch in zwischenmenschlichen Verbindungen von Bedeutung sind. Wenn wir uns gegenüber unserem Hund unklar ausdrücken, unsicher auftreten oder widersprüchlich handeln, entstehen Missverständnisse und Frustration. Dies gilt genauso für Hunde wie für Menschen. Bieten wir ihnen keine klare Führung und ein Gefühl von Sicherheit, werden sie uns auch nicht verstehen und sind buchstäblich „verwirrt".

Ein Hund, der nicht weiß, was von ihm erwartet wird, fühlt sich orientierungslos und unsicher. Er wird sich uns gegenüber verschließen oder uns einfach ignorieren und links liegen lassen, wenn wir keine eindeutigen Signale senden. In der Folge entsteht ein Teufelskreis aus Missverständnissen und mangelnder Kommunikation, was das Training erschwert. Oftmals ist es ja auch so, dass der Hund am Ende des Tages alles hat, was er braucht – also zumindest sind seine Grundbedürfnisse in der Regel gestillt.
Ich gehe davon aus, dass dein Hund Nahrung, Wasser, genügend Auslauf, Sozialkontakte zu Menschen und Hunden, Beschäftigung und Spiel und einen warmen Schlafplatz bei dir hat. Er ist also nicht in der unglücklichen Situation, in einem Zwinger leben zu müssen.
Natürlich ist das alles wichtig, aber es kann auf der anderen Seite die ein oder andere Beziehungskiste auch erschweren. Denn jetzt muss dein Hund noch weniger auf dich achten, wenn du etwas von ihm möchtest: sein Ranzen ist gefüllt, du bist ständig für ihn verfügbar, er liegt sozusagen im gemachten Bett. Ich übertreibe, aber ich glaube, das ist immer ein guter Weg, ein besseres Verständnis für die Situation und vor allen Dingen für dich und deinen Hund zu entwickeln.

HUNDEERZIEHUNG IST KEIN HEXENWERK

Hundeerziehung ist weder ein Hexenwerk, noch eine Frage von Dominanz oder übermäßigem Gehorsam. Es geht nicht darum, dass der Hund auf jedes Signal im Bruchteil einer Sekunde reagieren muss. Viel wichtiger ist das Verständnis der grundlegenden Prinzipien, die für eine gelungene Kommunikation und Erziehung entscheidend sind. Es geht darum, dass der Hund die Absicht hinter unseren Anweisungen versteht und wir ihm die Möglichkeit geben, auf eine klare und respektvolle Weise zu lernen. Bitte verwechsle Konsequenz und Klarheit nicht mit Gewalt – es geht ganz sicher nicht darum, sich körper-

„ES IST WICHTIG, DIE BEDÜRFNISSE UND DENKWEISEN UNSERER HUNDE ZU VERSTEHEN. MIT UNSEREM VERHALTEN SOLLTEN WIR IHNEN EIN GUTES GEFÜHL GEBEN, DAS SIE VERANLASST, SICH AN UNS ZU ORIENTIEREN."

lich durchzusetzen und dem Hund zu erklären, wer der Stärkere ist. „Survival of the fittest“ heißt nicht derjenige, der körperlich am stärksten ist, sondern der, der sich am besten an die Umwelt angepasst hat! Der kann nämlich am erfolgreichsten überleben und sich am besten fortpflanzen. Souveräne Führungskräfte und vor allen Dingen erfolgreiche Menschen sind in der Regel nicht diejenigen, die ständig mit der Faust auf den Tisch schlagen.
Menschen, die schnell die Fassung verlieren und laut werden, sind meist sehr unsicher in ihrem Handeln.

Hunde verstehen dieses Verhalten nicht, sie funktionieren bei körperlichem Druck, weil sie die Reaktion meiden möchten. Mit Respekt hat das gar nichts zu tun. Ich trainiere seit vielen Jahren Mensch-Hund-Teams und möchte dir hier mit auf den Weg geben, dass vor allem die Beziehungsstruktur wichtig ist und das Verständnis für die Bedürfnisse eines Hundes. Mehr ist es eigentlich gar nicht. Natürlich ist es zu Beginn anspruchsvoll, einen Hund zu verstehen und zu führen. Aber es ist nichts, was du nicht verstehen oder in deinen Alltag integrieren könntest. Und mit der Zeit

Die meisten Menschen trainieren mit ihren Hunden auf einem Hundeplatz oder immer am gleichen Ort. Trainiere aber auch mitten im Leben.

Zuvor vielleicht gruselige Orte kann man interessant belegen, indem man z. B. an einer Bahnhaltestelle mit einem Suchspiel startet.

lernst du auch, dein Verhalten an verschiedene Situationen anzupassen. Distanziere dich also bitte von Ansagen wie *„Du musst deinem Hund mal zeigen, wer hier der Chef ist."* Dein Hund braucht klare Signale, um sich im Alltag zurechtzufinden. Wir sind es unseren Hunden schuldig, diese Signale so aufzubauen, dass sie unser Hund auch verstehen kann. Jedoch sollte Hundeerziehung nicht nur auf das Erlernen von einigen Grundsignalen beschränkt werden.

DIE BEZIEHUNG MUSS STIMMEN

„Die Beziehung muss stimmen." Dieser Satz mag vielleicht auf den ersten Blick esoterisch klingen, ist aber von entscheidender Bedeutung. Ähnlich

wie in jeder zwischenmenschlichen Beziehung ist es auch bei der Erziehung eines Hundes wichtig, eine stabile und vertrauensvolle Verbindung aufzubauen. Überlege, was du von einem guten Partner erwartest. Wie sollte eine ideale Führungskraft sein? Oder an welchen Lehrern hast du dich früher orientiert? Waren es die, die lautstark und cholerisch ihre Anweisungen durchgesetzt haben? Oder doch eher die, die durch eine ausgewogene Mischung aus Präsenz, Fachwissen und Ruhe überzeugten – und die, die auch mal streng (konsequent) sein konnten, wenn es nötig war?

TRAINING: NICHT *DAFÜR*, SONDERN *DAVOR*

Wahrscheinlich hast du dieses Buch gekauft, weil du mit deinem Hund bereits Herausforderungen hast. Sei es das Ziehen an der Leine, das Pöbeln gegenüber anderen Hunden, das ständige Jagen, das Ignorieren von Kommandos oder das Anspringen von Menschen – viele dieser Probleme habe ich selbst erlebt, kenne sie also aus eigener Erfahrung. Doch bevor du dich in das spezifische Training stürzt, ist es entscheidend, zunächst die grundlegenden Voraussetzungen für eine erfolgreiche Hundeerziehung zu schaffen. Du musst herausfinden, wo die Ursache deines Problems liegt.

– Warum pöbelt dein Hund an der Leine? Ist er unsicher, verteidigt er gerade seine Straße oder dich oder deine Futtertasche? Hat er schlechte Erfahrungen mit anderen Hunden gemacht oder fühlt er sich generell bei dir nicht sicher?

– Jagt dein Hund, weil er einfach mal die tollste Erfahrung seines Lebens genau in diesem Moment gemacht hat, oder ist ihm einfach nur langweilig?

Wir beide werden den Bedürfnissen und Motivationen deines Hundes auf den Grund gehen, somit die Ursache klären und nicht nur an Symptomen arbeiten.

Dieses Buch hat das Ziel, dir dabei zu helfen, eine solide Basis aufzubauen, bevor du dich den spezifischen Verhaltensproblemen widmest. Denn nur, wenn die grundlegenden Elemente der Beziehung und Kommunikation zwischen dir und deinem Hund stimmen, kannst du effektiv an den individuellen Problemen arbeiten.

HUNDE SIND SOZIALE WESEN

Durch ihre lange Geschichte der Domestikation haben sie eine tiefe Verbindung zum Menschen entwickelt. Dein Hund sollte wie ein Freund respektiert und beschützt werden. Wie ein Kind, dessen Bedürfnisse erkannt und gefördert werden, sollte auch der Hund in seinen speziellen Anforderungen gesehen und unterstützt werden. Er soll sowohl unterhalten als auch in seine Schranken gewiesen werden, gefüttert und bis ins hohe Alter gepflegt werden – wie jedes andere Mitglied der Familie. Deshalb gibt es in diesem Buch auch viele Beispiele, die der menschlichen Mutter-Kind- oder Vater-Kind-Beziehung ähneln. Damit kann ich bestimmte Dinge einfach besser erklären und dir nahebringen. Mir ist aber schon bewusst, dass der Hund ein Hund ist.

EIN HUND TRÄGT VERANTWORTUNG

Bello lebt seit 3 Jahren bei Marianne und seit Beginn des Einzugs standen ihm alle Ressourcen und Privilegien zur freien Verfügung. Bello hat sozusagen Geld fürs Atmen bekommen. Wollte er sein Trockenfutter nicht fressen, wurde ein großer Löffel Nassfutter obendrauf gegeben. So lernte Bello schnell, erst einmal abzuwarten, ob nicht noch etwas Besseres kommt.
Im Laufe der Jahre konnte Bello seinen Hundeblick immer besser einsetzen, was sich schnell auf seine Figur auswirkte. Auf Sport hatte er sichtlich keine große Lust. Warf Marianne einen Ball, ignorierte er sie und wandte sich lieber einem Mauseloch zu. Von diesem konnte Marianne ihn auch nicht wegrufen.
Marianne stand Bello zu jeder Tages- und Nachtzeit zur Verfügung. Stupste er sie an, wurde er gestreichelt, schaute er sie schräg an, fragte sie ihn, ob er Hunger habe. Klingelte es an der Tür, forderte Marianne ihren Hund mit den Worten *„Ja, wer kommt denn da?"* auf, an der Tür nachzusehen. Nach ein paar Wochen nahm Bello die Rolle des Bodyguards an und legte sich direkt in den Flur vor die Haustür.

Wer entscheidet?
Eigentlich hätte sich Bello gewünscht, die ganze Nacht durchzuschlafen und sich auch am Tag an Marianne zu orientieren. Doch diese hatte die Aufgabe an ihren Hund abgegeben, traf selbst keine Entscheidungen und überließ alles Bello. Diesem wurde schnell bewusst, dass er der Manager und sicher nicht der Praktikant war.
So übernahm Bello seine Position, lief auf der Straße immer voran, markierte alles, um zu demonstrieren, dass er dort war und pöbelte jeden entgegenkommenden Hund massiv an. Damit wollte er verhindern, dass ja niemand seinem Frauchen zu nahe kam und auch nichts auf seiner Straße verloren hatte. Dass die anderen Hunde trotzdem jeden Tag auf seiner Straße entlang marschierten, frustrierte ihn immer mehr.

Wo liegt das Problem?
Für Marianne war vor allem das ständige Ziehen an der Leine ein großes Problem und sie bat mich um eine Trainingsstunde. Ich solle ihr bitte zeigen, wie Bello mit einem Leckerchen ordentlich an der Leine läuft …
Schwierig!
Auf der Wiese waren viele Mauselöcher, die Bello mehr interessierten – auf Leinenführigkeit hatte er sichtlich keinen Bock. Auch die Kekse konnten nichts daran ändern, die bekam er zudem sowieso zu Hause fürs bloße lieb Gucken. Auch seine Konzentration ließ zu wünschen übrig, denn auf der Nachbarwiese waren andere Hunde zu sehen. Die musste er unbedingt im Auge behalten. An Training war überhaupt nicht zu denken.
Also erklärte ich Marianne, dass bereits im Haus etwas geändert werden muss, um Bellos Verhalten auf dem Spaziergang zu verändern. Kekse gab es nicht mehr nur fürs Gucken, sondern Marianne sollte herausfinden, für welche Beschäftigung sich Bello begeistern ließ. Außerdem bekam Bello einen neuen Liegeplatz, weg von der Haustür. Den Besuch empfing Marianne in Zukunft allein.
So lernte Bello nach einigen Wochen, dass Marianne selbst sehr spannend sein kann und zudem auch Verantwortung für ihr Umfeld trägt. Diese neuen Strukturen halfen schließlich, dass sich Bello auch auf dem Spaziergang besser auf Marianne konzentrieren konnte. Erst nach dieser Umstellung konnte mit dem Leinenführtraining begonnen werden.

1

1 Schlägt dein Hund aufgrund von Geräuschen an, dann motze ihn nicht an, sondern kläre den Problembereich selbst.

2 Nimm deinen Hund aus der Verantwortung heraus, indem du ihn von strategisch wichtigen Plätzen wegschickst.

2

RANG-ORDNUNG UND RESSOURCEN

RANGORDNUNG

IMMER WIEDER WIRD ÜBER RANGORDNUNG GESPROCHEN UND DARÜBER, DASS SIE ZWISCHEN MENSCH UND HUND STIMMEN SOLLTE. DOCH RANGORDNUNG IST EIN WORT, DAS ICH ÜBERHAUPT NICHT MAG, DA ES ALLZU OFT FALSCH INTERPRETIERT WIRD.

Wie oft höre ich Sätze wie *„Du musst dominant sein“*, *„Du musst deinen Hund mal auf den Rücken drehen oder ihn ins Ohr zwicken“*, die noch aus der alten Schule der Hundeerziehung stammen. Gehorcht ein Hund nicht, wird er angeschrien, ins Sitz oder Platz gedrückt oder an der Leine ins Fuß geruckt. So hat man es immer schon gemacht und tut es auch heute noch. Oft kommen diese Ratschläge von Menschen, die in den letzten 20 Jahren etliche Hunde erzogen haben – ich hatte auch 10 Jahre Mathe, das heißt aber leider überhaupt nichts.

DIE BESSERWISSER

Bist du mit deinem Hund unterwegs, weiß es jeder Entgegenkommende besser – ob mit oder ohne Hund. Beim Thema Kindererziehung ist es sicher genauso schlimm. Aber kannst du dich daran erinnern, einmal angesprochen worden zu sein, als du mit Grill, Würstchen und Gemüse in den Park gegangen bist? Hat dir irgendjemand gesagt, wie du die Grillkohle platzieren musst, welcher Anzünder der Beste ist, oder wann der Garpunkt erreicht ist? Sicher nicht!

Triffst du dann noch auf Meinungen der alten Schule, kann ich dich nur warnen. Hier ist man immer noch der Überzeugung, dass alle Hunde gleich ticken, Individualität gibt es nicht. Und Rangordnung wird mit Härte gleichgesetzt: Der Hund braucht mal eine „harte“ Hand. Er soll „kuschen“ und Respekt haben. Doch ein Hund, der so behandelt wird, wird keinen Respekt, sondern Angst vor seinem Menschen bekommen. Auch kann es sein, dass er irgendwann einmal mit Aggression reagiert.

An dieser Stelle kann ich das eins zu eins mit der Lernpädagogik von Kindern vergleichen. Versteht ein Kind eine ihm gestellte Rechenaufgabe nicht, nutzt es wenig, diese noch einmal 20 Dezibel lauter vorzulesen und das Kind anzuschreien. Der Lernerfolg bleibt bei null. Was man damit erreicht, ist ein verunsichertes Kind, das im schlimmsten Fall eine Lernangst entwickelt.

Natürlich muss man einen Hund (und auch ein Kind) korrigieren, wenn er Dinge tut, die man so nicht möchte. Zum Beispiel, wenn der Hund einem in vollem Tempo mit beiden Pfoten in die Magengegend springt. So etwas darf man nie tolerieren.

Die Leinenführigkeit ist der Spiegel der Beziehung. Naja, so einfach ist das nicht! Aber eines ist klar, dein Hund muss dir vertrauen.

WAS VERSTEHT MAN UNTER RANGORDNUNG?

Die Rangordnung ist im Grunde nichts anderes als die klar definierte Aufgabenverteilung zwischen Mensch und Hund. Man kann es mit der Eltern-Kind-Beziehung vergleichen: Mama und Papa sind diejenigen, die entscheiden, wann und was gegessen wird, ob es ins Phantasialand geht oder ob es Zeit ist, sich zu entspannen. Die Eltern legen fest, ob es Taschengeld gibt und ob vor dem Essen etwas Süßes erlaubt ist. Sie verfügen über die meisten Ressourcen und Privilegien: Sie können sich am eigenen Portemonnaie bedienen, wann immer sie wollen, oder ein Eis genießen, bevor das Abendessen auf dem Tisch steht. Doch diese Privilegien bringen auch eine große Verantwortung mit sich.

Eltern haben nicht nur Privilegien, sie tragen die größte Verantwortung und haben den meisten Stress. Sie müssen sich um die

Sicherheit ihrer Familie kümmern, sie pflegen, versorgen und beschützen.

Zieht ein Welpe, ein junger oder erwachsener Hund aus dem Tierheim oder ein Senior bei dir ein, gelten im Grunde die gleichen Regeln. Du bist diejenige, die die Verantwortung trägt.

Unternehmensstruktur

Der Geschäftsführer eines Unternehmens hat ebenfalls viele Privilegien: Er kann kommen und gehen, wann er möchte, fährt das beste Auto und hat das meiste Geld. Aber er trägt auch die größte Verantwortung. Er muss das Unternehmen führen und die Mitarbeiter zusammenhalten, ihr Wohlergehen im Blick behalten, sie motivieren und leiten. Er ist die Person, an der sich alle orientieren. Bei einem börsennotierten Unternehmen muss er zudem seine Unternehmensführung vor den Aktionären verantworten.

DEIN ERSTER ARBEITSTAG

Stell dir vor, du kommst als neuer Mitarbeiter in eine Firma, vielleicht sogar in einem fremden Land, dessen Sprache du noch nicht beherrschst. Es ist dein erster Arbeitstag, du bist aufgeregt und betrittst das Gebäude. Ein roter, samtiger Teppich empfängt dich, vor der Tür stehen nur teure Autos, alles ist gepflegt, die Menschen sind gut gekleidet und wirken sehr wohlhabend. Kaum angekommen, bekommst du sofort ein Dienstauto und den Generalschlüssel in die Hand gedrückt. Vermutlich wärst du an diesem Punkt überfordert.
Wie bei Hunden, entscheidet auch hier der Charakter. Einige Menschen sind die geborenen Geschäftsführer, präsente Persönlichkeiten, die gerne im Mittelpunkt stehen und gut mit Verantwortung umgehen können. Andere hingegen bevorzugen die zweite Reihe, sind sicherheitsorientiert und fühlen sich in der Rolle des Mitarbeiters wohler, ohne allzu viel Verantwortung übernehmen zu müssen.

Klare Anweisungen
Am ersten Arbeitstag weißt du weder, wo dein Büro ist, noch welche Kaffeetasse du benutzen darfst. Du kennst die Pausenzeiten nicht, weißt nicht, wer deine direkten Ansprechpartner sind, wie der Kopierer funktioniert oder wann es besser ist, jemandem aus dem Weg zu gehen. Es wäre eine große Erleichterung, wenn dir jemand gleich zu Beginn sagt: *„Das hier ist dein Schreibtisch, deine Durchwahl ist die 9. Die Pause ist von 12 bis 13 Uhr, Feierabend ist um 17:30 Uhr. Bitte steck die Karte unten in den Automaten, wenn du gehst. Dein Parkplatz ist Nummer B. Und bei Fragen wende dich bitte direkt an Frau Müller."*
Diese klaren Anweisungen wirken wie ein wohltuendes Korsett, das dir Halt gibt. Und genau dieses Bild des „Korsett-Hundes" benutze ich oft, weil es sehr anschaulich ist. Manche Hunde brauchen dieses Korsett, denn ohne würden sie sprichwörtlich den Halt verlieren. Sie brauchen eine Struktur, die ihnen vorgibt, was wann geschieht.

Der Hund im Chefsessel
Stell dir nun vor, dein Hund zieht heute bei dir zu Hause ein. Er merkt schnell, dass er ungehemmt überallhin darf: Er liegt auf allen privilegierten Plätzen, betritt alle Räume, darf mitten im Zimmer liegen, überall liegt Spielzeug herum und der Futternapf ist bis zum Rand gefüllt. Er wird sofort gestreichelt, sobald er dich ansieht oder nur an dir vorbeigeht. Er stellt fest, dass er dir sogar bis auf die Toilette folgen darf und auch dort noch Aufmerksamkeit bekommt. Trifft dieser Hund nach einigen Tagen andere Hunde auf der Hundewiese, würde er wahrscheinlich Folgendes erzählen:
„Ich habe Futter zur freien Verfügung, überall liegt Spielzeug rum, mein Auto, mein Haus, mein Pferd, mein Schiff – alles gehört mir. Ich muss nur einmal pupsen und schon werde ich gestreichelt. Ich darf mich überall frei bewegen und mein Mensch ist so leicht zu lenken, dass ich gezwungen bin, auf ihn gut aufzupassen. Klingelt es an der Tür, werde ich immer vorausgeschickt – da habe ich also meinen neuen Job."
Ich verstehe natürlich, dass man gerade einem Hund aus dem Tierschutz, der vielleicht eben noch auf kaltem Asphalt geschlafen hat und hungern musste, den Himmel auf Erden bereiten möchte. Aber man darf auch die Botschaft auf keinen Fall unterschätzen, die man dem Hund durch solches Verhalten vermittelt. Und hier liegt dann oft der Beginn vieler Probleme.

1 Mittlerweile füttere ich wieder ganz normal aus dem Napf. Das war aber viele Monate ganz anders.

2 Seinem Hund das komplette Gehalt einfach zu überweisen, ohne einen Job getan zu haben. Das kann man später machen, wenn alles abgearbeitet ist.

1

2

Stell dir vor, dein bester Kumpel ist immer derjenige, der, egal zu welcher Jahreszeit, seine Ärmel hochkrempelt, um seine fette Armbanduhr zu zeigen. Er prahlt ständig mit neuen Errungenschaften. Auch beruflich ist er der Tollste und in jedem Winkel der Welt ist er auch schon gewesen.
Also ich für meine Person würde mich fremdschämen, wenn ich mit ihm unterwegs wäre. Doch im Grunde stelle ich mir den Rüden (oder auch die Hündin), der die ganze Zeit mit steil erhobener Rute neben mir herläuft, genauso vor. Da gibt es nicht mal eben den Schlabberlook und ungeschminkt auf zum Bäcker – immer muss sich präsentiert, imponiert und auf dicke Hose gemacht werden.
Im Kern sprechen wir sowohl beim Menschen als auch beim Hund von Unsicherheiten, die meist durch solch ein Verhalten überspielt werden.

KERN- UND AKTIONSRAUM

DIE BEREICHE, IN DENEN SICH HUNDE AUFHALTEN, KANN MAN IN ZWEI KATEGORIEN EINTEILEN: DEN KERNRAUM UND DEN AKTIONSRAUM.

Mit **Kernraum** meine ich deine Wohnung oder dein Haus, also den Ort, an dem ihr euch am häufigsten aufhaltet. Je nach Hund gehören auch euer Garten, der Vorgarten oder sogar euer Auto zu diesem Kernraum. In der Natur nennt man diesen Bereich häufig den „Raum um die Wurfhöhle". Der Bereich außerhalb eures Kernraums wird **Aktionsraum** genannt. Das können die Hundewiese, die Hundeschule oder eure Spazierwege sein. Hier folgt dein Hund seinen ursprünglichen Motivationen: Er möchte jagen oder ist auf der Suche nach Sexualpartnern (ähnlich wie „tindern") oder vertreibt Konkurrenten. Dabei will er oft wissen, ob Bella und Rex hier waren, und markiert das Gebiet durch Urinieren, um seine Existenz zu dokumentieren. Wie stark diese Verhaltensweisen ausgeprägt sind, hängt von den Anlagen des Hundes ab. Je mehr sich dein Hund jedoch in diese Motivationen hineinsteigert, desto mehr Probleme gibt es meist im Alltag.

STRUKTUR BEGINNT IM HAUS

Die meiste Zeit verbringen wir mit unserem Hund in Innenräumen, entweder zu Hause oder im Büro. Die Zeit des Gassigehens nimmt oft den kleinsten Teil des Tages ein. Trainiert wird jedoch hauptsächlich draußen, was eigentlich keinen Sinn ergibt: 80 % des Tages leben wir drinnen. Daher müssen wir dort Strukturen aufbauen, damit der Hund draußen, wo die größten Ablenkungen und Gefahren herrschen, auf uns achtet.

Darf er dir jedoch im Haus ständig hinterherlaufen und dich kontrollieren, warum sollte er sich draußen nicht auch wie ein Kontrolletti aufführen? Bewacht er den ganzen Tag den Garten, warum sollte er dann nicht auch die Parkbank bewachen? Bekommt er im Haus für jeden Blick ein Leckerchen, warum sollte er draußen die Maus ignorieren, nur weil du ein Leckerli in deiner Hand schwingst? Liegt er ständig im Flur und beschützt dich, warum sollte er dir dann auf dem Spaziergang plötzlich folgen und dir vertrauen, dass du es regelst?
Leider ticken wir Menschen so, dass wir erst in brenzligen Situationen bemerken, dass etwas falsch läuft. Im Haus ist noch alles in Ordnung – der Hund agiert, ohne dass es uns bewusst ist. Wollen wir ihn dann auf dem Spaziergang führen und z. B. vor anderen Hunden abschirmen, klappt nichts. Dass es daran liegt, dass wir keine Vorarbeit in weniger brenzligen Situationen geleistet haben, darauf kommen wir erst einmal nicht.
Doch gerade die Zeit im Haus müssen wir nutzen, um draußen Einfluss auf unseren Hund zu haben. Schaffst du es drinnen nicht, deinen Hund davon abzuhalten, zur Tür zu rennen, wenn es klingelt, wird es draußen noch schwieriger, ihn im vollen Galopp zurückzurufen, wenn er auf einen anderen Hund zustürmt. Übernimmst du aus Sicht des Hundes zu Hause keine territoriale Verantwortung, warum sollte dein Hund dann draußen davon ausgehen, dass du dazu fähig bist?
Also starten wir Indoor.

RESSOURCEN UND PRIVILEGIEN

EIN HUND ORIENTIERT SICH IM GRUNDE DARAN, WER INNERHALB DER GRUPPE DIE MEISTEN RESSOURCEN UND PRIVILEGIEN ZUR FREIEN VERFÜGUNG HAT. JE MEHR EIN MENSCH ODER EIN HUND ZUR VERFÜGUNG HABEN, DESTO HÖHER IST IHR SOZIALER STATUS.

Rangordnung bedeutet jedoch nicht, dass der Ranghöchste die anderen Gruppenmitglieder unterdrückt und von jedem Kadavergehorsam verlangt. Der Ranghöchste trägt die meiste Verantwortung. Die Rangordnung wird von unten stabilisiert, indem sich die anderen Gruppenmitglieder am Ranghöchsten orientieren, weil er souverän ist, sich auskennt, nicht leicht reizbar ist und Konflikte vermeidet. Wenn es darauf ankommt, könnte er Auseinandersetzungen gewinnen, doch er gehört nicht zu denen, die sich gern prügeln und somit die ganze Gruppe in Gefahr bringen. Diese Erkenntnis ist besonders spannend, wenn man sie auf den Ton in manchen Hundevereinen bezieht. Wer schreit, hat ganz sicher nicht recht – wer schreit, ist unsicher. Natürlich kann man jeden Hund durch Druck und Lautstärke zum Gehorchen bringen, aber das ist keineswegs das Ziel einer guten Beziehung. Ich möchte, dass mein Hund mir auch dann zuhört und sich an mir orientiert, wenn ich leise bin. Das bedeutet jedoch nicht, dass ich immer flüstern muss. Ich kann meinen Gefühlen grundsätzlich authentisch freien Lauf lassen.

RESSOURCEN BEDEUTEN VERANTWORTUNG

Zu den Eigenschaften eines ranghohen Menschen oder Hundes gehört auch der uneingeschränkte Zugriff auf Ressourcen und Privilegien. Dies ist das Greifbarste, das man im Hundetraining angehen sollte. Je mehr Privilegien und Ressourcen deinem Hund zur freien Verfügung stehen, desto höher ist sein Status – und desto höher der Stress, denn hoher Status bedeutet viel Verantwortung. Der Hund muss Entscheidungen treffen, sich um die Sicherheit der Gruppe kümmern, ähnlich wie eine Mutter für ihr Kind oder ein Geschäftsführer für seine Mitarbeiter. So viele Hunde sind mit ihrem hohen Status und der damit einhergehenden Verantwortung völlig überfordert.

Schaut man klischeehaft auf die kleinen Rassen wie den Chihuahua, sieht man, wie er sofort für seine Menschen in die Bresche springt. Aber nicht, weil er das unbedingt möchte, sondern weil er unbewusst in diese Rolle gedrängt wird und ihm bestimmte Dinge einfach wichtig sind. Oft lachen wir über diese kleinen Kläffer und nehmen sie nicht ernst. Dabei ist es traurig zuzusehen, wie so ein kleiner Hund sich groß macht und mit aller Vehemenz kläffend durch die Straßen läuft, weil er entweder nicht gut sozialisiert ist oder mit einem Menschen zusammenlebt, der aus Hundesicht überhaupt nichts regelt.

Ressourcen und Privilegien
- Futter
- Spielzeug
- Bewegungsfreiheit
- Aufmerksamkeit
- Sexualität (diese können wir schwer einteilen)

EINTEILUNG VON RESSOURCEN

Futter und Spielzeug sind objektbezogene Ressourcen. Bewegungsfreiheit, Aufmerksamkeit und Sexualität zählen zu den beziehungsbezogenen Ressourcen. Diese Ressourcen und Privilegien sollten größtenteils von uns eingeteilt werden. Je mehr davon dein Hund zur freien Verfügung hat, desto höher ist sein Status. Es wäre grundsätzlich in Ordnung, wenn dein Dackel tatsächlich verantwortlich für dich wäre, seit 10 Jahren die meisten Entscheidungen träfe und die meiste Last trüge. Haben weder Mensch noch Hund Stress im Alltag, dann muss man nicht zwangsläufig alles verändern. In der Regel ist es aber so, dass Hunde mit unserer Ambivalenz nicht wirklich zurechtkommen: einerseits sind wir aus Hundesicht leicht zu lenken und ein Fähnchen im Wind, auf das man besser aufpassen sollte, weil wir scheinbar nicht allein in der echten Welt klarkommen. Andererseits verlassen wir zum Einkaufen und für Kinogänge die Wohnung und lassen unseren Hund alleine, der dann möglicherweise unter Kontrollverlust leidet. Somit entsteht eine große Diskrepanz zwischen Abhängigkeit und autark sein.

Ich möchte, dass die Erziehung deines Hundes zu Verlässlichkeit im Alltag führt. Und das alles auf der Basis einer wirklich harmonischen Beziehung zwischen dir und deinem Hund.

Alltags- und umwelttauglich

Es gibt Hunde, die kommen mit einem hohen Status wirklich wunderbar zurecht und der Mensch im Grunde auch. Das Problem ist jedoch, dass ein hoher Status und die damit verbundene Verantwortung oft zu Problemen führen, die im Alltag nicht tragbar sind. Wenn dein Hund glaubt, dich schützen zu müssen, wird ein Restaurantbesuch unentspannt, Kindergeburtstage sind gefährlich und der Empfang von Besuch wird zum Eiertanz. Hundebegegnungen gleichen einem Spießrutenlauf. Die mildeste Form eines Rangordnungsproblems ist, dass der Hund nicht auf dich hört, wenn du ihn rufst. Für territorial motivierte Rassen wie den Kangal oder Hovawart ist es eine Herausforderung, in einer Stadt wie Berlin oder Köln zu leben, wo sie täglich fremden Hunden begegnen. Dem Bayerischen Gebirgsschweißhund beizubringen, der Leberwurstspur zu folgen anstatt einer echten, ist ebenso schwierig. Es geht letztlich darum, dass Hund und Mensch in ihrer Umgebung zusammenleben können. Dazu gehört auch, dass der Hund keine Jogger oder Radfahrer jagt und man ihn abrufen kann, bevor er vor ein Auto rennt. Streng genommen sind Halsband und Leine unnatürlich für einen Hund, aber unumgänglich.

Beim Schreiben merke ich, dass mir das Wort „Rangordnung“ gar nicht gefällt. Nennen wir es „Aufgabenverteilung in der Familie“ – jeder hat seinen Platz, sofern klar kommuniziert wird, welcher das ist.

Du kannst anhand der Ressourcen- und Privilegien-Einteilung deinen Status demonstrieren. Das ist allerdings nicht alles. Du musst dich auch im Alltag wie jemand verhalten, der diese Ressourcen für sich beanspruchen kann. Sei aufmerksam in deiner Umgebung, statt ständig am Handy zu hängen und den nächsten Hund oder Traktor zu verpassen. Es gibt viele Hunde, die gut trainiert sind, sofort auf ihre Decke oder in die Box gehen, wenn es klingelt, aber dort weiterbellen, weil sie deine Rolle des Pförtners nicht ernst nehmen. Sie glauben nicht, dass der Mensch diese Aufgabe wirklich übernimmt, weil er im Alltag nicht entsprechend handelt.

Auch im Alltag musst du darauf achten, welchen Typ Hund du an deiner Seite hast. Wenn er aufpasst, dann muss er eben von Passanten abgewandt liegen.

RESSOURCE: FUTTER

WIR SIND UNS SICHER EINIG DARÜBER, DASS JEDES LEBEWESEN FRESSEN MUSS. FUTTER IST FÜR DEINEN HUND VON EXISTENZIELLER BEDEUTUNG. BISHER HABE ICH KEINEN GESUNDEN HUND KENNENGELERNT, DER FREIWILLIG AUF FUTTER VERZICHTET, WENN ES ZUR VERFÜGUNG STEHT.

Ob ein Hund stark futtermotiviert ist oder nicht, hängt von verschiedenen Faktoren ab: Hormone, Alter, Stresslevel, Krankheiten und vieles mehr beeinflussen den Appetit. Dazu kommt, dass viele Futtersorten unseren Hunden schlichtweg einfach nicht schmecken. Es gibt viele Hundehaltende, die sich wundern, warum ihr Hund Trockenfutter ablehnt, aber bei Nassfutter vollkommen ausflippt. Warum sollte man dann weiterhin Trockenfutter füttern, wenn es den Hund offensichtlich nicht begeistert? Zumal Trockenfutter manchmal auch die schlechtere Wahl ist. Die meisten Hunde lieben einfach Nassfutter mehr, und wenn man hochwertiges Nassfutter ohne unnötige Zusätze füttert, profitieren alle: Du kannst deinen Hund mit gutem Gewissen füttern und siehst direkt, wie es ihm schmeckt und dass er gerne frisst.

FUTTER UND STRESS

Stress spielt oft eine große Rolle im Leben eines Hundes und kann Einfluss auf sein Fressverhalten haben.

Stell dir vor, du bist in einer unangenehmen Situation: Du fühlst dich in der Stadt unsicher, bist vielleicht schüchtern und hast Angst im Dunkeln. Plötzlich musst du dich nicht nur um dich selbst kümmern, sondern auch noch jemanden an deiner Seite beschützen. Währenddessen versucht deine Freundin dir ein Video auf ihrem Handy zu zeigen oder dir einen Schokoriegel anzubieten. In diesem Moment bist du viel zu angespannt, um dich darauf einzulassen.

Ähnlich ergeht es deinem Hund, wenn er in einer stressigen Umgebung ist. Selbst wenn du ihm seine Lieblingsleckerei anbietest, wird er sie wahrscheinlich ablehnen.
Das ist vergleichbar mit der Situation, in der du nach einem Streit oder mit Lampenfieber auch nichts essen möchtest. Wenn dein Hund unter Stress oder Angst steht und nicht frisst, ist das ein eindeutiger Hinweis, dass er gerade nicht aufnahmefähig ist. In solchen Momenten zeigt sich, wie wichtig es ist, die Umgebung und den emotionalen Zustand deines Hundes zu beachten.

Das A & O ist eine körperliche und geistige Beschäftigung, die die Bedürfnisse deines Hundes befriedigt.

FUTTER ALS WERKZEUG IM TRAINING

Futter ist ein hervorragendes Werkzeug, um deinen Hund umzulenken, ihm etwas Neues beizubringen oder ihn zu beschäftigen. Es hilft dabei, überschüssige Energie abzubauen, die sonst in unerwünschtes Verhalten wie Jagen oder Prügeleien fließen könnte. Allerdings sollten wir Futter nicht ständig und wahllos zur Verfügung stellen. Wenn dein Hund immer Futter verfügbar hat, verliert es an Wert, und du hast draußen, wenn es darauf ankommt, keinen Anreiz mehr, um seine Aufmerksamkeit zu bekommen.

Stell dir vor, du möchtest deinen Hund von einem Mauseloch wegholen, lockst aber nur mit einem trockenen Keks, der ihn nicht wirklich interessiert. Oder dein Hund ist gerade in der Pubertät und lernt ein „Mädel" kennen – da wird ein hartes Stück Trockenfutter kaum ausreichen, um seine Aufmerksamkeit zu gewinnen. Dein Hund wird sicherlich nicht das Mauseloch links liegen lassen, nur weil du einen Keks anbietest, der schon seit Tagen in deiner Tasche steckt. Das ist vergleichbar, dass „Mann" lieber mit der Jugendliebe auf dem Schulhof sitzt, als diese romantische Konversation abzubrechen, nur weil zu Hause eine Tiefkühlpizza wartet.

Futter ist ein wertvolles Gut und sollte wie eine Art „Bezahlung" eingesetzt werden, um bestimmte Verhaltensweisen zu fördern. Es gibt Situationen, in denen du deinen Hund in eine andere Verhaltensweise lenken musst, um die Situation für alle Beteiligten harmonisch und stressfrei zu gestalten.

Momenten an Wert verlieren. Dein Hund muss die Belohnung gut finden, damit er bereit ist, sich auf dich zu konzentrieren.

AUFBAU VON ALTERNATIVVERHALTEN

Ein Alternativverhalten – wie etwa an der Leine zu laufen, wenn ein anderer Hund entgegenkommt, sich hinzusetzen, damit ein Kinderwagen vorbeigeschoben werden kann, oder der Rückruf, wenn dein Hund zum Jagen ansetzen möchte – muss gut aufgebaut und mit der richtigen Belohnung gefestigt werden. Dein Hund sollte Freude daran haben, neue Signale zu erlernen. Eine gute Belohnung wie Futter kann dabei Wunder wirken. Zwar gibt es Hunde, die lieber mit einem Spiel belohnt werden, doch die meisten finden Futter unwiderstehlich. Natürlich gibt es auch Hunde, die sich über Streicheleinheiten freuen. Allerdings werden im Alltag oft so viele Streicheleinheiten verteilt, dass sie als Belohnung in kritischen Momenten an Wert verlieren. Dein Hund muss die Belohnung gut finden, damit er bereit ist, sich auf dich zu konzentrieren.

GEHORSAM NICHT NUR FÜR LUFT UND LIEBE

Ein kritischer Blick auf deine Erwartungen

In den letzten 15 Jahren habe ich viele Mensch-Hund-Teams kennengelernt. Dabei ist mir immer wieder aufgefallen, dass viele Hundehaltende oft sehr hohe Erwartungen an ihre Hunde stellen. Es scheint fast so, als würden sie glauben, dass ein Hund für „Luft und Liebe“ alles tut. Natürlich könnte man argumentieren, dass ich mit dieser Behauptung übertreibe, aber ich finde es ziemlich naiv anzunehmen, dass ein Hund, der in seinem Alltag ohnehin viel Aufmerksamkeit für oft geringfügige Leistungen erhält, alles ignorieren soll – nur für ein paar Streicheleinheiten.

Stell dir vor, dein Hund steckt mit seiner Nase im Mauseloch. Plötzlich wird er gestört und muss alles abbrechen, nur um für einen flüchtigen Moment deiner Aufmerksamkeit belohnt zu werden. Es ist absurd, wenn du bedenkst, dass du in deinem Alltag auch nicht alles nur für „Luft und Liebe“ machst. Sicher, Anerkennung und Wertschätzung sind wichtige Faktoren, die dich motivieren, aber würdest du wirklich den ganzen Tag Dinge tun, die du nicht magst, nur um ein paar lobende Worte zu erhalten?

Ein besonders merkwürdiger Aspekt ist, dass oft Männer in Diskussionen über Hundetraining die Vorstellung vertreten, dass Hunde auch ohne Leckerlis oder andere Belohnungen „gehorsam" sein sollten. Ohne hier abwertend sein zu wollen, ist es wichtig, zu hinterfragen, woher diese Überzeugung kommt. Warum glaubst du, dass dein Hund, dein „Untertan", alles nur für deine Aufmerksamkeit tun sollte, selbst wenn es um Aufgaben geht, die er eigentlich nicht mag? Diese Erwartungshaltung funktioniert nicht. Daher ist es wichtig, immer wieder innezuhalten und zu reflektieren, wie wenig es dich kostet, deinen Hund für gute Leistungen zu belohnen. Ob es nun darum geht, besondere Leistungen wie das Überwinden von Herausforderungen oder das Erlernen neuer Fähigkeiten zu honorieren – es ist mehr als nur ein Streicheln. Du könntest es fast als eine Art „Bezahlung" betrachten.

Du würdest ja auch nicht zu einem Firmenchef sagen: *„Deine Mitarbeiter machen das nur, weil sie bezahlt werden."* Natürlich spielen auch das Gehalt und ein positives Arbeitsklima eine Rolle. Die Mitarbeiter sind nicht nur auf das Geld angewiesen; sie schätzen auch die Anerkennung und die Wertschätzung ihrer Arbeit. Aber sie tun ihre Arbeit nicht ehrenamtlich. Wenn du also von deinem Hund verlangst, dass er dir jederzeit gehorcht, auch ohne adäquate Belohnung, solltest du dich fragen: Ist das fair?

FUTTER RICHTIG EINSETZEN

Die komplette Futterration sollte nicht einfach so fürs Nixtun hingestellt werden.

Stell dir vor, du würdest jeden Monat 6 000 Euro überwiesen bekommen, ohne dafür arbeiten zu müssen. Würdest du dann für 5 Euro ein Treppenhaus putzen?

Wahrscheinlich nicht. Ähnlich ist es bei deinem Hund: Wenn er ständig Futter für nichts bekommt, wird ein Keks als Belohnung für eine einfache Aufgabe (wie „Sitz") nicht ausreichen. Noch schwieriger wird es, wenn er etwas Spannenderes vorhat, wie z. B. der Nachbarshündin guten Tag sagen oder den Hasen zu jagen oder über Hassos Pipi zu pinkeln.
Es hängt immer vom Hund ab! Manche Hunde kannst du zu Hause ganz normal füttern und draußen gibst du für besondere Leistungen etwas Besonderes wie Käse oder Wurst. Ein Hund, der draußen keine Aufmerksamkeit zeigt, kann zu Hause viel-

STRUKTUR IM ALLTAG

Es erfordert Zeit und Arbeit, bis dein Hund dir abkauft, dass du die Situation im Griff hast und er nicht für dich einspringen muss. Diese Struktur wird in kleinen Schritten im Alltag vermittelt und kann Wochen oder sogar Monate dauern. Wenn du jedoch geduldig an diesen Strukturen arbeitest, ist es sehr wahrscheinlich, dass dein Hund sich auf dich einlässt und auch in schwierigen Situationen nach dir schaut bzw. sich durch die trainierten Signale auch auf erwünschtes Alternativverhalten einlässt. Um diese Signale zu trainieren, ist es von Vorteil, wenn dein Hund Futter als Belohnung annimmt.

leicht hervorragend spielen und apportieren, aber draußen ist die Ablenkung oft zu groß.

TRAINING ANPASSEN UND SCHRITTWEISE AUFBAUEN

Nicht jede Trainingsmethode passt zu jedem Hund oder Menschen. Dein Bauchgefühl sollte entscheiden, ob dein Hund bereit ist, an einem bestimmten Ort mitzuarbeiten oder ob du das Training, die Reize, den Ort anpassen musst. Es ist ethisch vertretbar, das Futter als Belohnung einzusetzen, solange das Umfeld so gestaltet ist, dass dein Hund damit umgehen kann. Ein ängstlicher Hund wird es möglicherweise nicht leisten können, sein Futter in einer stressigen Umgebung wie einem Bahnhofsvorplatz zu „verdienen". Stattdessen sollten die Schritte langsam und an die Bedürfnisse deines Hundes angepasst werden. Diesem Hund würde es aber mit Sicherheit helfen, wenn man ihn über seinen Angstschatten springen lässt. Dann übt man eben erst einmal in einer ruhigen Seitenstraße, mit weniger Ablenkung. Hier kannst du z. B. Harzer Käse (ist fettfrei und stinkt) über den Weg kullern lassen, den er fangen darf. Gleichzeitig solltest du deinem Hund im Alltag zeigen, dass du aufmerksam bist, was die Umwelt angeht, dass du ihn schützen würdest und so weiter. Es kann auch mal sein, dass man bei einem unsicheren oder ängstlichen Hund das Training an einer zumutbaren Stelle abbricht, weil es gerade nicht funktioniert. Dann wiederholt man es später einfach noch einmal. Denk immer daran, dass es eine Mischung sein darf aus *„Nein, es ist nicht immer nur alles andere wichtig. Mach mit mir mit, lass dich auf mich ein!"* und natürlich auch der Einsicht *„Das ist viel zu stressig für dich!"*, wenn man die Situation für den Einstieg zu schwer gewählt hat.
Damit meine ich aber nicht, dass ein Hund jedes Mal in Watte gepackt oder wieder zu Hause gefüttert werden sollte, nur weil er draußen nichts anderes im Kopf hat, als andere Pinkelstellen zu kontrollieren.

Es ist wichtig, eine Balance zu finden! Dein Hund sollte lernen, dass er nicht immer die Verantwortung tragen muss, und dass Futter eine wertvolle Belohnung für erwünschtes Verhalten ist. Gleichzeitig solltest du die Umstände erkennen, die deinen Hund überfordern und ihm die Zeit geben, sich an neue Situationen zu gewöhnen.

Wenn Futter nicht einfach fürs Nixtun gegeben wird, sondern dein Hund es sich teilweise erarbeiten muss, dann traut er sich auch einmal, über seinen Angstschatten zu springen.

CAMO

WIE KAM DIESER HUND ZU MIR?

Camo habe ich 2019 durch eine liebe Freundin und Kollegin online unter die Nase gerieben bekommen. *„Schau mal Ellen, der würde dir doch gefallen?“* Das erste Mal, nach vielen Vorschlägen anderer, habe ich gesagt, dass ich ihn mir angucke.

Gesagt, getan. Ich bin ins Bonner Tierheim gefahren und habe Camo das erste Mal besucht. Er war einfach so nett am Gitter. Er nahm die Ohren zurück, krabbelte die Gittertür hoch und seine riesigen Pranken fielen mir positiv auf. Er war abgemagert, hatte schlechte Zähne, matschige Augen und struppiges Fell. Als wir gemeinsam spazieren gingen, fiel mir auf, dass sein After unglaublich angeschwollen war. Das ganze Areal an seinem Hinterteil war dick und geschwollen. Er war unruhig und hatte zusätzlich auch noch diese Riesenhoden zwischen den Beinen, die dazu führten, dass er lief wie ein Preisboxer.
Mein erster Gedanke war: *„Ich möchte nicht, dass man meinem Hund als Allererstes auf den Po guckt …“* Später bei der Vorstellung beim Tierarzt stellte sich heraus, dass seine Prostata ebenfalls geschwollen war. Eine Kastration war nicht vermeidbar und danach sah Camo auch wieder normal aus und lief normal.

Sorge bereitete mir auch, dass er eine wirklich schreckliche Vorgeschichte haben könnte. Ich weiß eigentlich überhaupt nichts über ihn, außer, dass er in Bonn gefunden wurde. Allein, mit Leine. Wie traurig, dass er einfach nie wieder abgeholt worden war, dass sich niemand gemeldet hatte.
Er stank entsetzlich, und ab dem Moment, als das Tor vom Tierheim aufging, hatte er nichts anderes im Kopf, als die Nase auf den Boden zu nehmen und wirklich alles anzupinkeln. Er scharrte danach, war total gestresst und wirklich 0,0 ansprechbar. Er nahm keinen Keks von mir und war anderweitig nicht an mir interessiert. Begegnete er Hunden, machte er sich groß, war gockelig und sexuell motiviert.

Unser erster Ausflug
Mit Erlaubnis des Tierheims durfte ich Camo auf meinem Trainingsgelände testen. Da man nichts von ihm wusste, konnte man auch nicht sagen, ob er überhaupt mit mir ins Auto stieg.
Ich habe ihn also in den Kofferraum springen lassen, diesen geschlossen, mich hinter das Lenkrad gesetzt, den Motor gestartet und schwupps – war dieses riesige Doggentier auf der Rücksitzbank … Also stieg ich wieder aus, nahm ihn vom Rücksitz und ließ ihn wieder in den Kofferraum hüpfen.
Dann band ich alle meine Pullis und Schals, die ich im Auto hatte, um die Kopfstützen der Rückbank, um eine Barriere zu schaffen, die er hoffentlich nicht mehr übersprang. Ich fuhr also wieder los, erst einmal ein Stück durch Bonn, um zu schauen, ob er hinten blieb. Meine Barriere schien zu halten, also traute ich mich, auf die Autobahn in Richtung meiner Hundetrainingswiese zu fahren.

Bei 120 km/h krachte es, und mein zukünftiger Hund sprang durch meine Pulli-Mauer auf den Rücksitz. Zum Glück tauchte ein Parkplatz auf und ich bog von der Autobahn. Camos Riesenkopf erschien zwischen den beiden Vordersitzen, direkt

in Höhe meines Kopfes. Neben dem Parkplatz eine befahrene Autobahn, und ein ungesicherter Riesenhund, der mir vermutlich als Nächstes auf die Vordersitze springen würde …
Ich traute mich nicht, neben der Autobahn irgendeine Tür zu öffnen, also kletterte ich auf den Rücksitz, immer mit dem Mantra im Kopf: *„Bitte beiß mich nicht, bitte beiß mich nicht, bitte beiß mich nicht."* Ich habe Camo dann mit der Leine an den Kopfstützen festgemacht und bin weitergefahren.

An meiner Hundetrainingswiese angekommen, habe ich Camo am Geschirr und der Ein-Meter-Leine aus dem Auto geholt und bin quasi wie ein Fähnchen im Wind hinter ihm hergeflogen, während er alles vollpinkelte und die Umgebung erkundete. Der Vermieter meiner Wiese nahm das schmunzelnd zur Kenntnis und hatte schließlich Mitleid mit mir. Kunden grinsten mich an. Ich wusste genau, was sie dachten: *„Hahaha, jetzt fühlt sie sich endlich mal wieder so wie wir."* An Leinenführigkeit war wirklich keinen einzigen Meter zu denken.

Vom absoluten Super-Macho, Hooligan und ignoranten sexy Jäger zu einem verlässlichen Hund.

Ich habe ihn im Tierheim gesehen und wusste einfach, dass in diesem Riesenkerl auch ein riesen Herzchen steckt.

Also ging ich erst mal auf meine eingezäunte Wiese, ließ ihn laufen und schaute, was er so tat. Außer pinkeln, koten und danach scharren wie ein Weltmeister war erst mal nicht viel los. Er war einfach ein riesengroßer Macho. Den Hunden, die ich bestellt hatte, wollte er permanent imponieren. Er machte so sehr auf „dicke Hose", dass ich später beim „Ist-er-eigentlich-futteraggressiv?"-Test fast schon gehofft hatte, dass er etwas macht, womit ich nicht leben kann.

Meine Mutter sah mich etwas komisch an. Meine Freundinnen fanden ihn erst mal nur groß und nicht sonderlich sympathisch. Vera, eine Freundin, die selbst Hunde hat, aber bei fremden Hunden oft skeptisch und manchmal sogar ängstlich ist, begrüßte Camo direkt mit einem Kuss ins Gesicht und sagte sofort, dass sie bei ihm ein super Gefühl habe. Sie meinte, dass sogar ihre Hündin ihn mögen würde.

Später, als ich über das Für und Wider nachdachte, drückte Vera auf die Tränendrüse und sagte schluchzend: *„Ellen, ich kann mir gar nicht vorstellen, wie es ist, wenn man einen Hund wieder ins Tierheim bringen muss. Man weiß nie, wer ihn adoptiert, wenn er überhaupt eine Chance bekommt. Schau mal, wie groß er ist. Aber lass dich bitte nicht von mir beeinflussen … trotzdem, der Gedanke ist so schrecklich."*
Danke, Vera.

Ich hatte Camo das erste Mal im Zwinger erlebt – ein unglaublich liebevoller, netter Hund, der draußen jedoch zu einem richtigen Blödmann mutierte. Bis dahin gab es keine Aggressionen, aber Potenzial war definitiv da. Ich wusste einfach, dass dieser Hund im Kern eine richtig tolle Socke mit Herz am rechten Fleck ist. Ein souveräner Riese, der einfach schlechte Startschwierigkeiten hatte. Camo war wohl schon um die 6 bis 8 Jahre alt.

Ich wollte mir zwei Tage Zeit nehmen, um zu überlegen. Also brachte ich ihn erst einmal zurück nach Bonn. Als wir am Tierheim ausstiegen, knallte es laut an einer Brücke. Camo zuckte zusammen, war unsicher und wollte wegrennen. Ich hielt ihn fest, checkte die Umgebung und sagte ihm, dass wir das gemeinsam schaffen. Tja, da habe ich ihm im Grunde ein Versprechen gegeben. Ich brachte ihn zurück in den Zwinger und sagte ihm, dass ich ihn wieder abholen werde.
Das tat ich dann auch …

Nun hatte ich einen wirklich großen Hund, der nicht besonders umweltsicher war – wie ich an Silvester in vollem Umfang erleben durfte. Er zog an der Leine, hatte keine gute Bindung zu mir und war insgesamt sehr gestresst

In kleinen Schritten zu mehr Vertrauen
Von Tag eins an ließ ich ihn sein Futter erarbeiten Draußen wollte er vor lauter Stress nichts annehmen, also begann ich das Training in der Wohnung. Ich packte Nassfutter in einen Beutel und begann in kleinen Schritten das Apportiertraining. Zuerst fütterte ich ihn aus dem Beutel, dann bewegte ich den Beutel am Boden und belohnte Camo, sobald er ihn mit der Nase anstupste. Nach und nach steigerte ich das Training, bis er den Beutel schließlich mit den Zähnen festhielt und später sogar zu mir brachte. Nach 5 bis 10 Minuten gutem Training bekam er sein gesamtes Futter aus dem Beutel, als hätte ich ihm einen Napf hingestellt.

Dieses Training festigte ich über mehrere Tage, bis ich es in einer Seitenstraße versuchen wollte – mit Geschirr und Schleppleine. Aber es war zu schwer für ihn. Er knurrte Passanten an und markierte weiterhin alles, was am Weg stand. Der Beutel war ihm egal. Also überlegte ich, ob ich das Training abbrechen sollte oder ob der Sprung einfach zu groß war. Ich entschied mich, im Fahrradkeller weiterzumachen.

Dort trainierten wir drei Mal täglich für etwa 10 bis 15 Minuten. Nach fünf Tagen versuchte ich es erneut in der Sackgasse – keine Chance. Das Frühstück fiel also aus und wir machten einfach einen großen Spaziergang an der Kurzleine. Nach dem Spaziergang versuchte ich es erneut – wieder ohne Erfolg. Also fiel auch das Mittagessen aus. Natürlich bekam er abends dann seine Ration in der Wohnung. Nach mehreren Tagen und mehreren Trainingseinheiten klappte es schließlich in der Sackgasse.

So zog sich das über Wochen. Wenn er gestresst war oder Angst vor Geräuschen hatte, tat er mir leid, weil ich wusste, dass die Situation zu schwer für ihn war. Aber wenn er einfach nur mit Markieren beschäftigt war oder andere Hunde anstarrte, brach ich ab. Denn ignorierte er bereits das Holen-und-Bringen-Spiel, das ihm doch eigentlich Spaß machen sollte, konnte ich mir gut vorstellen, wie wenig Interesse er an grundlegenden Kommandos wie „Sitz" oder „Fuß" hatte.

BESCHÄFTIGUNG: APPORTIEREN

ALS ICH DAMALS MIT CARLINO NACH EINEM JAHR IN DER KÖLNER HUNDESCHULE DAS STUDIUM BEI MARTIN RÜTTER BEGANN UND MIR DER FUTTERBEUTEL ANS HERZ GELEGT WURDE, MUSSTE ICH SCHMUNZELN, GENAUSO WIE VIELE ANDERE MENSCHEN AUCH.

„Ach, der Futterbeutel … ja, den kenne ich. Damit muss jeder arbeiten." Doch dann machte es mir sehr viel Spaß, vor allem, weil Carlino bis dato nicht einen einzigen Gegenstand gebracht hatte. Durch die schrittweise und saubere Einführung wurde mein Boxer zu einem wirklich großartigen Labrador.

Im Grunde ist es egal, was dein Hund bringen soll. Es geht darum, das Orten, Hetzen, Packen, Schütteln usw. abzufragen und damit diese Verhaltensweisen zu befriedigen. Der Hund als Beutegreifer hat diese Verhaltensweisen in seinen Genen, mal mehr, mal weniger ausgeprägt.

Beschäftigung ist einer der wichtigsten Punkte, die du konsequent und ernsthaft beherzigen solltest. Der Futterbeutel ist oft ein sehr guter Beschäftigungseinstieg für futtermotivierte Hunde, die anfangs nicht viel mit Spielzeug anfangen können.

APPORTIER-DESINTERESSE

Lässt dein Hund dich stehen, ignoriert den Futterbeutel und geht lieber pinkeln, dann bringt es wenig, wenn du als „Strafgedanke" den Futterbeutel einfach wieder einsteckst. Dein Hund wollte ja sowieso gerade etwas anderes tun …

Spinnen wir das Szenario mal ganz kurz weiter: Für mich ist das Apportieren genauso wichtig wie die Signale „Hierhin", „Sitz", „Bleib" oder „Fuß". Ich möchte, dass mein Hund mitmacht, auch wenn es noch andere spannende Dinge gibt. Apportieren macht zudem den meisten Hunden mehr Spaß als die anderen Signale.

Was machst du also, wenn dein Hund dich ignoriert?

1. Leine ihn sofort an (Einschränkung der Bewegungsfreiheit),

2. und zwar kommentarlos, ohne Wut (kein Sozialkontakt).

Apportiertraining ist alles andere als nur Holen und Bringen. Du kannst damit deine Grundsignale festigen.

3. Stecke den Futterbeutel ein (Entzug von Futter und Spielzeug),
4. warte ein paar Minuten und starte einen weiteren Versuch.

Sammelst du dagegen erst den Futterbeutel ein, hat dein Hund nur noch mehr Zeit, seinen eigenen Dingen nachzugehen. Das Einstecken ist für viele Hunde keine Strafe, da sie ja sowieso etwas anderes im Sinn haben. Es ist ihnen völlig egal, was du mit dem Futterbeutel machst. Deshalb leine ihn immer zuerst an und hole dann den Futterbeutel. Sollte dein Hund mehr Interesse an einem Ball (mit Schnur!) haben, dann kannst du natürlich auch diesen nutzen.

AUFBAU DES APPORTIERTRAININGS MIT DEM FUTTERBEUTEL

1. Fülle den Futterbeutel mit leckeren Dingen (z. B. Harzer Käse).
2. Setze dich auf den Boden und öffne den Reißverschluss leicht, sodass dein Hund aus dem Beutel fressen kann.
3. Lass den Beutel fallen und belohne deinen Hund, wenn er den Beutel mit der Nase berührt.
4. Werfe den Beutel etwas weg und belohne den Hund, wenn er ihn wieder berührt.
5. Spiele mit deinem Hund, indem du den Beutel langsam über den Boden ziehst.

Next Steps

1. Belohne das Reinbeißen in den Beutel, dann das Hochheben und schließlich das Herumlaufen damit.
2. Nimmt dein Hund den Beutel auf und möchte damit weglaufen, dann setze dich in seine Nähe und nimm ihm den Beutel ab. Tue so, als hätte er ihn dir freiwillig gebracht. Belohne ihn sofort.

DER FUTTERBEUTEL VEREINT FUTTER, SPIELZEUG, BEWEGUNGSFREIHEIT UND SOZIALEN KONTAKT – ALSO ALLE VIER PRIVILEGIEN IN EINER „TÜTE".

Mein Tipp
Du kannst deinem Hund ein Geschirr anziehen und ihn mit einer Leine zu dir „angeln", um ihm zu zeigen, dass er den Beutel zu dir bringen soll.

Am Ende einer Session kannst du die gesamte Mahlzeit als Belohnung im Futterbeutel geben.

Die saubere Abgabe

Werfe den Beutel nicht erneut, wenn dein Hund ihn nicht ordentlich bringt. Lauf rückwärts und locke ihn zu dir, wenn er unaufmerksam ist. Ziehe und zerre ein wenig, wenn nötig, aber achte darauf, dass dein Hund dabei respektvoll bleibt.
Es geht darum, dass dein Hund den Gegenstand freiwillig und ohne Druck abgibt. Das Maul des Hundes sollte sich kurz öffnen und dann wieder schließen, um die Beute abzugeben. Achte darauf, dass die Abgabe kein unfreiwilliges Zieh- und Zerrspiel wird. Je mehr du an der Beute oder dem Beutel ziehst, desto spannender ist die Beute, weil sie ja aus Hundesicht noch lebt. Also wird der ein oder andere Hund die Beute erst recht nicht abgeben können oder wollen. Halte den Gegenstand also fest, ohne daran zu ziehen. Halte einen Keks vor die Nase deines Hundes und warte darauf, dass dein Hund die Beute loslässt. Achtung: Die Nase ist übrigens oben. Viele Menschen halten den Keks unter den Beutel – also zum Maul hin. Hebe den Beutel nicht selbst vom Boden auf. Stell dir vor, der Boden ist ein Lavastrom oder du bist ein Tyrannosaurus rex, hast ganz kurze Arme und kannst einfach nicht auf den Boden fassen. Du bist also auf deinen Hund angewiesen, dass er dir den Gegenstand in die Hand gibt.

No-Go´s beim Apportieren

– Dein Hund läuft nicht auf direktem Weg zum Gegenstand oder zu dir zurück.
– Er pinkelt auf dem Weg, wird langsamer oder lässt den Gegenstand fallen.
– Dein Hund gibt den Gegenstand nicht ab, springt dich an oder bellt dich an.
– Beim Füttern ist er distanzlos.

APPORTIEREN ALS BELOHNUNG

Du kannst das zuvor erlernte Apportiertraining oder ein einfaches Suchspiel leicht in deinen Alltag integrieren, sodass sie dir als effektive Belohnung dienen. Wie ich bereits angedeutet habe, gibt es Hunde, die primär aufgrund der Futterbelohnung am Ende eine Aufgabe ausführen. Andere wiederum finden Freude an der Aufgabe selbst und benötigen keine zusätzliche Motivation durch Futter. Daher ist es wichtig, die Vorlieben deines Hundes genau zu kennen: Ist er eher futtermotiviert und freut sich über eine Belohnung in Form eines Leckerlis nach einem gewünschten Verhalten? Oder bevorzugt er dynamische Spiele, bei denen er zerren oder apportieren darf? Oftmals entwickeln Hunde, die ursprünglich nur wegen der Futterbelohnung apportieren, irgendwann eine echte Begeisterung für das Apportie-

1

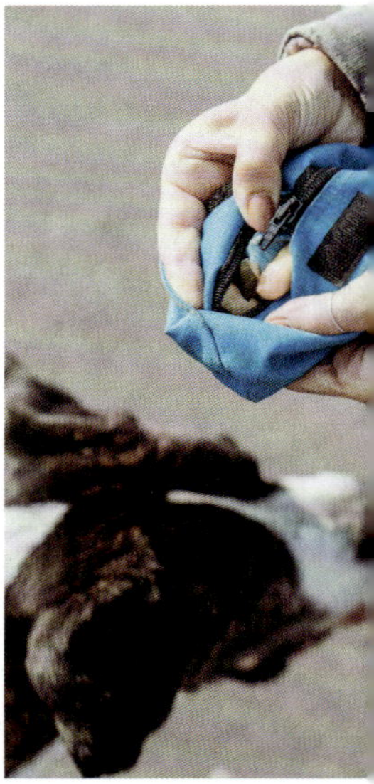

ren selbst. Ob das dann als primäre Motivation angesehen werden kann, ist schwer zu sagen. Aber ich habe oft beobachtet, wie solche Hunde zu wahren Apportier-Fans werden und es kaum erwarten können, mehrmals hintereinander den Ball zu holen, anstatt die Dynamik durch eine Futterpause zu unterbrechen.
Wenn du es geschafft hast, deinen Hund für eine bestimmte Beschäftigung zu begeistern, und er sichtlich Spaß daran hat oder zumindest den Sinn des Ganzen verstanden hat – nämlich, dass er am Ende seine Belohnung bekommt und das als festen Bestandteil seines Lebens sieht –, kannst du diese Beschäftigung in deinen Alltag integrieren. Dies kann besonders nützlich sein, wenn du in Situationen, in denen dein Hund aufgeregt oder unruhig ist, eine Belohnung anbieten möchtest, die nicht immer mit Futter zu tun hat. So kannst du beispielsweise bei Hundebegegnungen, die zu Beginn vielleicht noch schwierig sind, auf Futter verzichten und stattdessen auf ein Spiel als Belohnung zurückgreifen.

ZIEH- UND ZERRSPIEL

Ein Zieh- und Zerrspiel wird häufig als gefährlich beschrieben und abgelehnt. Vielen Hunden macht es aber sehr viel Spaß, es ist ein sehr körperbetontes Spiel, bei dem der Hund mit seinem Menschen „raufen" kann. Wichtig ist dabei allerdings, dass du es schaffst, das Spiel jederzeit zu beenden, ohne dass dich dein Hund danach angeht oder sehr respektlos und distanzlos zu dir ist. Das Zerren kann auch eine adäquate Belohnung zum Stressabbau sein. Oder aber eine tolle Belohnung, wenn dein Hund ordentlich apportiert hat und du eine riesengroße Party mit ihm feierst. Bei sehr distanzlosen oder respektlosen Hundeexemplaren sollte man jedoch - zumindest zu Anfang - auf solche Spiele verzichten!

2

1 Öffne den Beutel nur ein wenig, damit du die Kekse einzeln hochdrücken kannst.

2 Am Ende kannst du deinen Hund die komplette Mahlzeit als Jackpot füttern.

ÜBERBLICK: PÖBELN AN DER LEINE

Finde heraus, warum dein Hund an der Leine pöbelt.

MÖGLICHE URSACHEN

Territoriales Verhalten: Dein Hund möchte andere Hunde auf Abstand halten.

Soziale Motivation: Dein Hund schützt dich, weil er dich als besonders schutzbedürftig wahrnimmt.

Schlechte Erfahrungen: Dein Hund ist unsicher und reagiert aus Angst aggressiv.

Futter- oder Spielzeugverteidigung: Dein Hund will Ressourcen wie Futter oder Spielzeug verteidigen.

SYMPTOME BEKÄMPFEN

Arbeite gezielt an den Ursachen, bevor du das Pöbeln direkt angehst.

Denke daran, dass es wenig bringt, nur die Symptome zu behandeln, ohne die zugrunde liegenden Probleme zu lösen.

ZIELGERICHTETES TRAINING

Wenn du die Motivation deines Hundes kennst, arbeite daran und setze parallel dazu gezielte Trainingsmaßnahmen ein.

Wähle bei Hundebegegnungen einen Abstand, bei dem dein Hund noch ruhig bleibt, und belohne ihn für gewünschtes Verhalten.

Vermeide Situationen, in denen dein Hund wiederholt das unerwünschte Verhalten zeigt, da es sich dadurch weiter festigt.

Bleibt dein Hund bei 20 Meter Abstand ruhig, belohne ihn dafür. Ziel ist es, das Pöbeln durch ruhiges Verhalten zu ersetzen, das dann positiv verstärkt wird.

PROBLEM: PÖBELN AN DER LEINE

Angenommen, dein Hund pöbelt an der Leine. Zunächst musst du die Ursache des Pöbelns klären. Warum verhält sich dein Hund so? Versucht er, andere Hunde auf Abstand zu halten, weil er sein Territorium oder seinen Menschen schützen will? Oder ist es vielleicht sozial motiviert, weil er dich als besonders schutzbedürftig empfindet? Möglicherweise hat dein Hund schlechte Erfahrungen gemacht und reagiert aus Unsicherheit aggressiv auf andere Hunde. Es könnte auch sein, dass er durch Futter oder Spielzeug motiviert ist und diese Ressourcen verteidigen möchte.
Es ist entscheidend, dass du die Ursachen für das Pöbeln herausfindest und dann gezielt daran arbeitest, bevor du das eigentliche Symptom – das Pöbeln an der Leine – angehst.
Es ist sinnlos, nur die Symptome zu behandeln, ohne die zugrunde liegenden Ursachen zu verstehen und zu verändern. Wahrscheinlich hast du bereits versucht, deinen Hund mit Leberwurst oder anderen Leckerlis an anderen Hunden vorbeizulocken, aber das funktioniert oft nicht, wenn die Ursache des Verhaltens nicht geklärt ist. Stell dir vor, du müsstest in einer bedrohlichen Situation dein Kind beschützen – da würdest du auch nicht aufgeben, nur weil jemand versucht, dich abzulenken.

1

1 Nimm deinen Hund auf die abgewandte Seite und sei als Checker dazwischen.

2 Bist du nicht dazwischen, fühlt sich so mancher Hund bedrängt und in der Verantwortung.

2

Ruhiges Verhalten belohnen

Wenn du dir sicher bist, welche Motivation hinter dem Pöbeln steckt – und meistens sind es mehrere –, kannst du parallel zu deiner Arbeit an den Ursachen Folgendes tun: Bei Hundebegegnungen solltest du einen Abstand wählen, bei dem dein Hund noch einigermaßen ruhig bleibt. Es geht darum, das unerwünschte Verhalten, wie das Pöbeln, in eine erwünschte Verhaltensweise umzuwandeln. Wenn dein Hund z. B. 20 Meter entfernt von einem anderen Hund ruhig bleibt, nutze diese Distanz, um ihn zu belohnen und das richtige Verhalten zu festigen. Dies könnte bedeuten, dass er eine Sekunde lang ruhig zum anderen Hund schaut und dafür sofort eine Belohnung erhält. Durch Wiederholungen lernt dein Hund, dass er nicht pöbeln muss, sondern für ruhiges Verhalten belohnt wird.

Manchen Hunden hilft es, sich an etwas festzuhalten. Der Aufbau des Signals „Tragen" ist dann bei Hundebegegnungen sinnvoll.

Mit Apportel im Maul schwierige Situationen meistern

Auch kann es in schwierigen Situationen helfen, wenn der Hund etwas im Maul tragen darf und eventuell sogar darauf herumkauen kann. Denn das beruhigt in den meisten Fällen.
Achte jedoch darauf, dass das Tragen einer Beute nicht dazu führt, dass sich dein Hund damit stärker, präsenter fühlt und z. B. in Imponierhaltung am anderen Hund vorbeiläuft. Sollte dies der Fall sein, ist das Tragen eines Gegenstandes in dieser Situation nicht das Mittel der Wahl.
Ist dein Hund aber der Schnuller-Typ, kannst du das Tragen wie folgt aufbauen:

1. Lass deinen Hund den Gegenstand bringen.

2. Kurz bevor dein Hund bei dir ist und im optimalen Fall in deine Hand apportieren möchte, lass deine Hände sehr nah am Körper und drehe dich von deinem Hund weg. Nimm ihn körpersprachlich 2 Schritte mit dir mit.

3. Im besten Fall läuft er 2 bis 3 Sekunden neben dir am Bein und hat den Gegenstand im Maul. In diesem Moment des Tragens sagst du möglichst neutral das Lobwort, z. B. „Prima“. Da dein Hund nach „Prima“ meist ein Leckerchen bekommt, ist es jetzt wichtig, dass du den Beutel schnell aus seinem Maul nimmst, bevor er ihn fallen lässt.
4. Wiederhole die Übung und verlängere immer mehr deine Schrittzahl.

VOKABELN LERNEN

Ganz wichtig ist, dass du Signale immer mit dem Verhalten verknüpfst, das gerade passiert. Leider wird das häufig nicht getan.

Ein Beispiel: Viele Menschen sagen in dem Moment, in dem ihr Hund sie anspringt „Nicht springen!“. Und was lernt Hugo? „Nicht springen“ heißt hochspringen. Könnte ein Hund reden, würde er antworten: *„Was hast du denn, das mache ich doch gerade.“*

5. Etabliere das neue Signal „Tragen“ in dem Moment, in dem dein Hund den Gegenstand auch wirklich trägt (siehe Kasten „Vokabeln lernen“).
6. Baue nach und nach Ablenkungen ein, erst einfache, dann auch immer schwierigere. Hier ist es wichtig, den Abstand erst größer zu wählen und dann immer näher heranzugehen.

Gegenstand tragen bei Hundebegegnungen

Möchtest du das Tragen beim Vorbeilaufen an anderen Hunden einsetzen, ist es auch hier wichtig, erst einen großen Abstand zu wählen. Ich habe zudem gute Erfahrungen damit gemacht, an den Gegenstand eine Schnur zu befestigen, die du in der Hand hältst. Damit kannst du den Gegenstand lebendig halten und er kann nicht auf die Straße oder später vor den vorbeilaufenden Hund fallen, sollte dein Hund ihn doch einmal loslassen.
Zu Beginn würde ich die Hundebegegnungen in wirklich kleinen Teilen aufbauen. Sagen wir mal, in 30 Meter Entfernung ist ein anderer Hund zu sehen und dein Hund schafft es, den Beutel einen Meter zu tragen, dann wird er belohnt. Danach darf er noch einen Meter tragen und wird wieder belohnt usw. Im Laufe des Trainings sollte dein Hund dann 4 bis 5 Meter zurücklegen können, bevor er belohnt wird. Er sollte also ganz an einem anderen Hund mit seinem Apportel im Maul vorbeilaufen können.
Verringerst du danach den Abstand zum entgegenkommenden Hund, solltest du wieder schneller belohnen und diese Entfernung erneut schrittweise aufbauen.

1

2

3

1 Positioniere dich so, dass es für deinen Hund noch machbar ist.

2 Bringe deinen Hund ins „Sitz“ oder „Platz-Bleib“. Werfe dann das Apportel hinter euch.

Futterbeutel als Magnet für Aufmerksamkeit

Hat dein Hund gelernt, dass Apportieren Spaß macht und eine Belohnung darstellt, kannst du dieses Verhalten gezielt einsetzen, um ihn in schwierigen Situationen abzulenken und zu belohnen. Das Training wird besonders effektiv, wenn du es schaffst, die Wichtigkeit des Apportierens zu etablieren und deinen Hund in Alltagssituationen darauf zu konditionieren. So kannst du beispielsweise bei Hundebegegnungen den Futterbeutel in den Blickwinkel deines Hundes bringen und ihn damit wie ein Magnet vom anderen Hund wegziehen. Wenn du es schaffst, diese Technik in den nächsten 100 Hundebegegnungen konsequent anzuwenden, wird sich das unerwünschte Pöbeln nach und nach in erwünschtes Verhalten verwandeln.

Natürlich ist es auch möglich, ein gutes „Sitz – Bleib“ zu trainieren und anschließend eine Belohnungsparty zu starten, wenn ein anderer Hund in einer bestimmten Distanz an euch vorbeigegangen ist. Dies muss individuell an den Hund angepasst werden. Du siehst, es gibt viele Möglichkeiten, das Training an die spezifischen Bedürfnisse und Vorlieben deines Hundes anzupassen.

Apportier-Training oder Suchspiele können auch bei der Bewältigung von Stress im Alltag eine große Hilfe sein. Ein Hund, der unter starkem Stress steht, wird oft kein Futter mehr annehmen. In solchen Situationen kannst du apportierbasierte Spiele einsetzen, um die Aufmerksamkeit deines Hundes umzulenken und ihm zu helfen, sich zu entspannen. Hier wird erneut

4

5

3 Lass den anderen Hund vorbeilaufen.

4 Zur Belohnung darf dein Hund sein Apportel holen.

5 Auch bei der Leinenführigkeit kannst du zur Belohnung Action einfügen.

deutlich, wie wichtig es ist, dass das Apportieren für deinen Hund nicht nur ein Spiel ist, sondern ein ernstzunehmendes Signal, ähnlich wie „Sitz“, „Platz“ oder „Fuß“.
Das Apportiertraining soll dir und deinem Hund viel Spaß machen und dieses Gefühl von Freude und Wohlbefinden solltest du in stressige oder ängstigende Situationen einfließen lassen. Alles, was deinem Hund vorher Angst gemacht hat, kannst du in milder Form mit einem großartigen Suchspiel oder Apportiertraining kombinieren. Beginne erst in weniger stressigen Situationen.

CAMO
EIN HUND MIT GROßER ANGST

Camo hatte große Angst vor lauten Geräuschen, Menschenmengen und belebten Plätzen. An diesen Orten zeigte er deutliche Stresssymptome und nahm kein Futter mehr an. Es war schwierig, ihn in solchen Situationen unter Kontrolle zu halten. Ich begann, mit ihm in ruhigeren Straßen apportierbasierte Übungen durchzuführen, um ihn langsam an die Reize zu gewöhnen, die ihm Angst machten. Nach und nach konnte er lernen, sich auch in für ihn gruseligen Umgebungen auf das Spiel einzulassen und sich sicherer zu fühlen.

Einmal gerieten wir auf der Schildergasse in eine besonders stressige Situation mit lauten Straßenmusikern. Obwohl Camo zunächst in alte Muster zurückfiel, konnte er dank des zuvor aufgebauten Trainings rasch wieder beruhigt werden. Er hat gelernt, dass ich ihn schütze, und dass das Training Spaß macht. Heute begleitet er mich problemlos überallhin und zeigt kaum noch Stress.

Die Kombination aus einer positiven Verstärkung durch das Training und das Vertrauen, das dein Hund in dich hat, sind meiner Meinung nach der Schlüssel zu einem entspannten und glücklichen Hund.

Grundsignale wie „Sitz“, „Platz“ und „Bleib“ sind im Alltag wirklich praktisch. In brenzligen Situation stelle ich mich auch gerne auf die Leine.

BLEIBEN UND AUSHALTEN

Das Kommando „Bleib“ gehört zu den wichtigsten Grundsignalen, die ein Hund beherrschen sollte, besonders wenn du möchtest, dass er ruhig sitzen oder liegen bleibt, während du einen Ball, einen Futterbeutel oder Kekse wirfst. Doch bevor dein Hund diese Übung in einer dynamischen Umgebung meistert, muss er das „Bleib“ in einer ruhigeren, ablenkungsarmen Situation sicher beherrschen.

So baust du das „Bleib“-Signal sauber auf

Um deinem Hund beizubringen, sicher zu bleiben, ist ein strukturiertes Vorgehen notwendig. Beginne, indem du deinem Hund ein klares „Sitz“-Signal gibst. Sobald er sitzt, hebst du die Hand zum „Bleib“-Signal und sagst deutlich „Bleib“. Danach machst du einen kleinen Schritt nach hinten und kehrst sofort zu deinem Hund zurück, um ihn zu belohnen. Wichtig ist, dass du immer auf dem Level trainierst, das dein Hund gerade bewältigen kann. Das bedeutet, du solltest die Übung so gestalten, dass dein Hund erfolgreich bleiben kann. In manchen Fällen reicht es, nur kurz mit dem Oberkörper nach hinten zu wippen und wieder nach vorne, um das „Bleib“ zu festigen.
Kehrst du zu deinem Hund zurück, egal ob du nur einen oder mehrere Schritte gegangen bist, ist es entscheidend, ihn zu belohnen, z. B. mit einem verbalen Lob wie „Prima“ und vielleicht einem Keks. Danach gibst du entweder ein Freigabesignal wie „Okay“, damit dein Hund weiß, dass die Übung beendet ist, oder du lässt ihn weiter im „Bleib“, um die Übung zu wiederholen.

Die Übung auflösen: Ein häufiger Fehler

Ein häufiges Missverständnis beim Training ist, dass nach der Belohnung die Übung automatisch beendet sei. Das ist lerntheoretisch absolut richtig, aber wir möchten das ja etwas anders haben. Die Übung muss aktiv aufgelöst werden, damit dein Hund versteht, wann er das „Bleib" verlassen darf.

Ich stelle mir da immer eine Schulklasse vor, die irgendwie gemeinsam ein Gedicht vorträgt und nur weil die Lehrerin die Klasse lobt, können doch nicht alle sofort aufstehen und das Klassenzimmer verlassen. Das passiert ja meistens nach dem Gong oder wenn die Lehrerin sagt, dass alle aufstehen und gehen können.

Ein absolutes No-Go ist es, deinen Hund aus dem „Bleib" herauszurufen, denn dadurch wird er für das Kommen belohnt, nicht für das Verharren im „Bleib".

Steigerung der Schwierigkeit: Training mit Ablenkung

Um den Schwierigkeitsgrad zu erhöhen, kannst du die Distanz und die Dynamik in der Übung steigern.

1

2

Zuerst machst du vielleicht nur einen Schritt vom Wegrand weg, später kannst du die Distanz vergrößern oder sogar ein wenig herumhüpfen. Steht dein Hund jedoch auf, weil du das Trainingsziel zu hoch angesetzt hast, bringst du ihn kommentarlos wieder ins „Sitz" und belohnst ihn nicht. Das zeigt ihm, dass das Aufstehen nicht das gewünschte Verhalten ist. Denke aber immer daran, dass du das Training so aufbauen solltest, dass es funktioniert. Es wäre nicht fair, deinen Hund an dieser Stelle anzumotzen. Meistens haben wir den Schritt nämlich einfach zu groß gewählt.

Nächster Schritt: Hinzunahme eines Spielzeugs

Beherrscht dein Hund das „Bleib" gut, kannst du das Training mit einem Spielzeug erweitern. Im ersten Schritt sagst du deinem Hund „Bleib", gehst einen Meter von ihm weg und legst den Gegenstand kurz auf den Boden. Danach hebst du ihn sofort wieder auf und belohnst deinen Hund, wenn er ruhig geblieben ist. In den folgenden Trainingseinheiten erhöhst du schrittweise die Dynamik, indem du den Gegenstand aus einer immer größeren Höhe fallen lässt.

Ein weiterer Schritt im Training ist, dass du den Gegenstand schon etwas werfen kannst, anstatt ihn nur hinzulegen. Stelle dich also zwischen deinen Hund und den Gegenstand. Du gibst mit der linken Hand das „Bleib"-Signal und wirfst mit der rechten Hand den Gegenstand ein kleines Stück weg. Sollte dein Hund aufstehen, kannst du dich frontal zu ihm drehen, um ihn durch deine Körpersprache daran zu hindern, zum Gegenstand zu laufen. Häufig wählen wir die Trainingsschritte jedoch zu groß und dynamisch, was den Hund überfordern kann. Deshalb ist es wichtig, das Tempo und die Intensität an die Fähigkeiten deines Hundes anzupassen.

Der Blick als Signal

Ein weiterer wichtiger Aspekt ist deine Blickrichtung. Siehst du bei oder nach dem Werfen dem Gegenstand hinterher, könnte dein Hund das als Signal verstehen, ihm zu folgen. Zu weit zu werfen oder zu viel Dynamik in die Übung zu bringen, kann die Übung komplizierter machen, als sie sein sollte. Achte darauf, wie dein Hund reagiert: Zuckt er zusammen oder bleibt er entspannt? Das zeigt dir, ob die Übung für ihn angemessen ist.

1 Übe dein „Bleib" an kurzer Leine in unterschiedlichen Alltagssituationen.

2 Gehe immer zu deinem Hund und belohne ihn für das Bleiben.

3 Steigere die Schwierigkeit und übe sowohl im Sitz als auch im Platz.

3

1 Bringe deinen Hund ins „Sitz“ und „Bleib“. Nutze die abgewandte Hand, um zu werfen

2 Denke daran, dass du nicht zu viel Schwung holen darfst.

1

JEDER HUND IST ANDERS

Hast du einen Hund, der sehr empfänglich für Reize ist und möglicherweise sogar ein wenig spielsüchtig, solltest du den Gegenstand mehrmals selbst holen und deinen Hund nur selten als Belohnung zum Gegenstand schicken. Alternativ kannst du variieren, indem du nach der Rückkehr zu deinem Hund entweder einen Keks gibst und ein erneutes „Bleib“ forderst, oder nach der Belohnung das Kommando „Bring“ gibst, damit er den Gegenstand holt.

2

„Bleib“ ist eine wertvolle Fähigkeit für deinen Hund, die sorgfältig und schrittweise aufgebaut werden muss. Achte darauf, das Training so zu gestalten, dass dein Hund Erfolg hat und das gewünschte Verhalten zeigen kann. Je besser du die Übungen an seinen Fortschritt anpasst, desto erfolgreicher wird euer Training sein.

Alternative für die Jagd

Ich bekomme immer wieder die Frage gestellt, ob es nicht kontraproduktiv sei, einen Ball oder Futterbeutel zu werfen, weil ich den Hund ja jetzt aktiv ins Jagen schicke? Zuerst einmal möchte ich vorausschicken, dass ein Hund, der jagdlich motiviert ist, dieses Verhalten sowieso in sich trägt und es irgendwie ausleben muss. Ich kann dem Hund nicht gänzlich das Jagen verbieten, denn wo fängt Jagen an und wo hört es auf? In dem Moment, in dem der Hund die Nase auf den Boden nimmt und eine Spur verfolgt oder als Welpe ein Blatt jagt, sind wir bereits in einer Jagdsequenz. Ich bin der Meinung, dass es wichtig ist, den Wunsch des Jagens zu befriedigen und das am allerbesten gemeinsam. Biete ich diese jagdlichen Alternativen nicht – und Apportieren ist eine dieser jagdlichen

Alternativen – darf ich mich auch nicht wundern, wenn der Hund sich selbstständig auf die Suche nach Jagdobjekten macht. Das ist dasselbe Thema wie bei der Futtersuche. Hunde suchen nun mal gerne Futter oder Essbares, es ist auch eine Form des Jagens. Machst du ein Futtersuchspiel mit deinem Hund, dann bringst du ihm nicht bei, dass er alles vom Boden fressen darf! Im besten Fall befriedigst du ein Bedürfnis, das er sonst anderweitig befriedigen würde. Und dann kann es schnell passieren, dass er auch etwas Giftiges frisst.
Bei den gemeinsamen Aktivitäten geht es darum, gemeinsam etwas zu tun. Sucht dein Hund jedoch andere essbare Dinge, darfst du gerne auch mal motzen und solltest dies unterbinden.

3

4

3 Belohne sofort mit der Bleib-Hand. Ich hatte den Keks zwischen Daumen und Handfläche.

4 Schicke deinen Hund mit deinem Signal zum Ball.

Sichere deine Übungen ruhig mithilfe einer Schleppleine und einem Geschirr.

LERNUMFELD BEDENKEN

Denkst du an Prüfungen zurück, für die du Vokabeln lernen musstest, dann ging es dir sicher bei manchen Wörtern leicht von der Hand, während andere mehr Konzentration erforderten. Irgendwann, nach vielen Wiederholungen und beim Abfragen, klappte es in der gewohnten Umgebung am Küchentisch gut. Doch plötzlich klingelte es an der Tür, und Freunde kamen viel zu früh zu Besuch, mit einer dicken Bassbox auf der Schulter. In diesem Moment hätte ich vermutlich nicht mehr die nötige Konzentration gehabt, um die Vokabeln abzuspulen, die ich eigentlich schon gut konnte. **Die Umgebung, Ablenkungen und der Gemütszustand eines Hundes sind nicht zu unterschätzen.** Für deinen Hund kann es einfach schwer sein, sich auf die „Vokabeln" zu konzentrieren, wenn es im Hintergrund laut ist. Es macht außerdem einen großen Unterschied, ob dein Hund die „Vokabeln" schon kann – wie „Sitz", „Platz" oder „Fuß" – oder ob er sie gerade erst lernt.

Übst du noch oder benutzt du schon?

Ich stelle oft die Frage: *„Übst du noch oder benutzt du schon?"* Beherrscht dein Hund z. B. den Rückruf, kannst du ihn schon im Alltag einsetzen. Beherrscht er ihn jedoch noch nicht, musst du ihn zunächst mit seinem Namen, durch Klatschen oder Rückwärtslaufen anlocken, damit er das gewünschte Verhalten zeigt. Kommt er dann zu dir gerannt, kommentiere ich dieses Verhalten mit einem Pfiff oder dem Wort „Hiiiiiiier". Das ist ein wichtiger Moment! Ich sage mir dabei: *„Das, was du gerade tust, heißt Pfiff."* Ich wiederhole dieses Signal so oft, bis ich das Gefühl habe, dass ich es abfragen kann, ohne vorher helfen zu müssen. Besonders beim Rückruf achte ich darauf, dass ich das Signal niemals in den Wind schieße. Es ist entscheidend, dass mein Hund versteht, dass das Signal nicht ignoriert werden darf. Bin ich mir in einer Situation unsicher, helfe ich meinem Hund zunächst, bevor ich das Signal setze, um es mit dem gewünschten Verhalten zu verknüpfen.

DIE BALANCE ZWISCHEN ÜBEN UND BENUTZEN IST ENTSCHEIDEND FÜR EIN EFFEKTIVES HUNDE-TRAINING. ACHTE STETS DARAUF, IN WELCHEM KONTEXT DU DAS VERHALTEN ABFRAGST, UND SCHAFFE EINE UMGEBUNG, DIE DEINEM HUND HILFT, SICH ZU KONZENTRIEREN. SO WIRD DAS LERNEN FÜR IHN LEICHTER UND ERFOLGREICHER, UND IHR KÖNNT GEMEINSAM VIELE POSITIVE ERFAHRUNGEN SAMMELN.

Die Herausforderung auf einer Wiese

Ich erinnere mich an eine Wiese, auf der der Rückruf eigentlich gut funktionierte – es sei denn, mein Hund entdeckte eine interessante „Pipi-Stelle“. In solchen Momenten hätte ich mir das Signal ruiniert, weshalb ich ihn zuerst von dort weglocken musste, bevor ich den Pfiff einsetzte. In meinen ersten Wochen der Ausbildung bei „Martin Rütter Hundeschule“ fiel es mir schwer zu akzeptieren, dass mein Boxer in einer aufregenden neuen Umgebung nicht „Sitz“ machen konnte. Schließlich hatte ich ihm dieses Signal vom Welpenalter an beigebracht! Doch selbst so einfache Signale sind manchmal für Hunde in neuen, aufregenden Situationen ohne Unterstützung nicht umsetzbar.

Unterstützung bieten

Wenn ich merke, dass ich in einer Situation bin, in der ich noch üben muss, helfe ich meinem Hund, indem ich ihm einen Keks über die Nase halte, um ihn in die richtige Position zu bringen. Wenn er sich dann setzt, sage ich „Sitz“. Auch hier gilt: Behalte den Satz im Kopf: *„Das, was du gerade tust, heißt übrigens Sitz.“* Diese Übung wiederhole ich in der Hoffnung, dass ich ihm irgendwann weniger helfen muss und er das Signal in dieser spezifischen Situation schon selbstständig ausführen kann. Doch es kann sein, dass du in einer anderen Situation wieder Unterstützung anbieten musst, weil dein Hund zu aufgeregt ist. Es hilft, jede Situation neu zu bewerten und zu entscheiden, ob du gerade übst oder das Signal bereits benutzt.

RESSOURCE: SPIELZEUG

INTERESSANTERWEISE IST DAS SPIELZEUG EINES DER EINFACHSTEN MITTEL, DIE MAN INNERHALB DER HUNDEERZIEHUNG NUTZEN KANN, UM VON AUßEN BETRACHTET EINEN STATUS ZU DEMONSTRIEREN.

Wir haben bereits von den vier wichtigsten Ressourcen und Privilegien gesprochen – Spielzeug gehört zu den objektbezogenen Ressourcen (siehe S. 30 ff.). Diese sollten nicht einfach immer frei zur Verfügung stehen oder überall herumliegen – weder im Garten, noch im Wohnzimmer oder unter dem Sofa.

Je mehr Spielzeuge dein Hund zur freien Verfügung hat, desto höher wird sein sozialer Status, und es wird ihm suggeriert, dass er eine hohe Verantwortung innerhalb der Familie trägt. Natürlich verteidigt nicht jeder Hund sein Spielzeug, doch die Problematik entsteht, wenn das Spielzeug zu jederzeit zugänglich ist. Es geht wieder um das Bewusstsein, dass das Spielzeug als Ressource eine weitere Stellschraube für das große Ganze darstellt. Du kannst dir die Spielzeuge so vorstellen wie mein Auto, mein Haus, mein Pferd oder mein Schiff.

Viele Hunde gehen oft gar nicht an das Spielzeug, wenn es herumliegt. Sie wissen jedoch, dass sie Besitz haben. Je nach Hund und Charaktereigenschaft kann es sein, dass der Hund viel darauf herumkaut, sich damit Langeweile vertreibt oder es den Menschen oder Besuchern präsentiert. Im schlimmsten Fall verteidigt er es, um ein Exempel zu statuieren. Im mildesten Fall kann es sein, dass der Hund draußen oder im Garten kein Interesse daran hat, dir das Spielzeug zurückzubringen. Dies macht es für das „Team“ schwieriger, den Hund körperlich auszulasten.

SPIELZEUG UND STRUKTUR

Dein Hund darf so viel Spielzeug haben – in allen verschiedenen Farben, Formen und Varianten – wie du und er es möchten. Achte nur darauf, dass das Spielzeug an einem Ort aufbewahrt wird, zu dem nur du Zugriff hast. Ein großer Korb im Wohnzimmer, in den alle Spielzeuge gelegt werden, und die Behauptung, dass du es weggeräumt hast, gilt hier nicht. Besonders nicht, wenn dein Dackel einfach dorthin geht, sich das passende Spielzeug herauszieht und es dir vor die Füße wirft, damit du es wieder zum Leben erweckst.

Liegt Spielzeug überall herum, ist es einfach nicht mehr spannend.

Es ist wichtig zu verstehen: Es ist dein Spielzeug, und du bist so nett, mit deinem Hund zu spielen, wenn du Lust hast. Es ist nicht das Spielzeug deines Hundes. Je nachdem, wie motiviert dein Hund ist, kannst du Spielzeug absichtlich liegen lassen, um zu üben, dass er es ignoriert.
Hast du zwei oder mehrere Hunde, kannst du das Spielzeug ebenfalls liegen lassen. Ernsthafte Auseinandersetzungen sollten jedoch nicht provoziert werden! Es geht darum, mithilfe der Ressourcen andere Teilbereiche zu klären: Wem gehört was, und wie wird damit umgegangen?

Spielzeug-Entzug

Du wirst feststellen, dass es Hunde gibt, für die der Entzug der Ressource Spielzeug keinerlei Bedeutung hat. Doch es geht nicht immer nur darum, ob der Hund die Ressource besonders wichtig findet, sondern auch darum, deine eigene Position zu stärken. Ich weiß, dass man in der Regel ein Spielzeug nicht wegräumt, wenn der Hund nie Interesse daran gezeigt oder niemals Aggressionen gezeigt hat. Daher frage ich mich, warum es dann trotzdem liegen bleibt.
Natürlich darf dein Hund sich auch mal selbst mit Spielzeug beschäftigen und damit durch den Garten oder das Wohnzimmer rennen. Bei erwachsenen Hunden sehe ich das allerdings eher selten, es sei denn, sie sind grundsätzlich draußen körperlich und geistig ausgelastet. Zusammen mit deinem Hund zu spielen, ist eine großartige Möglichkeit, verschiedene Verhaltensmuster auszuprobieren und zu experimentieren. Diese Erfahrungen sind wichtig für die Entwicklung jedes Lebewesens.

Ein ausgelassenes Spiel ist auch immer ein Indiz dafür, dass dein Hund entspannt ist und sich bei dir sicher fühlt. Wenn ein Hund Gefahr wittert, kann er sich nicht auf das Spiel konzentrieren und behält eher die Umwelt im Blick. Deshalb zeigen junge Hunde oft ausgeprägtes Spielverhalten, während es mit zunehmendem Alter abnimmt.

CAMO

KEIN INTERESSE AN SPIELZEUG

Ich erinnere mich an die Anfänge von Camo und mir beim Apportiertraining. Als ich ihn im Tierheim kennengelernt habe, habe ich seine Spielzeugaffinität getestet. Futter fand er in seinem gewohnten Raum viel spannender als das Spielzeug. Am Spielzeug hat er maximal geschnüffelt und ist dann nicht weiter darauf eingegangen. Den Futterbeutel fand er schon etwas spannender als ein nicht essbares Spielzeug. Ich bemerkte, dass es ein langer Weg werden würde, und ich musste das Training wirklich so aufbauen, wie ich es hier erkläre – jedes Detail Schritt für Schritt.
Es gibt viele Hunde, die einfach nur auf das Spielzeug heiß gemacht werden. Man wirft es im richtigen Moment und der Hund bringt es im Eifer des Gefechts zumindest in eine Richtung zurück. Die meisten Hunde zeigen immerhin Interesse, schütteln es und lassen dieser jagdlichen Sequenz freien Lauf. Bei Camo war das jedoch anders; ich musste oft selbst den Futterbeutel holen. Durch ständige Wiederholung und die Erklärung, dass das Spiel Spaß macht, wurde er schließlich ein richtiger Apportierhund.

Ich kenne das von mir selbst: Wenn ich mich mit Freundinnen treffe und wir ein neues Gesellschaftsspiel ausprobieren wollen, bin ich oft diejenige, die keinen Bock hat. Ich finde es nervig, mir die Regeln erklären zu lassen, und oft verstehe ich das Thema noch nicht. Aber wenn ich dem Gruppenzwang nachgebe, das Spiel langsam verstehe und vielleicht sogar gewinne, mache ich beim nächsten Mal gerne wieder mit. Und wenn ich dann auch noch eine richtig fette Belohnung dafür bekomme, wäre das doch perfekt!
So ist es auch beim Hundetraining: **Geduld, Wiederholung und das Verständnis für die individuellen Bedürfnisse deines Hundes, sind der Schlüssel zum Erfolg.**

RESSOURCE: BEWEGUNGSFREIHEIT

ICH HÄTTE DAMALS NIEMALS GEDACHT, DASS DIESER PUNKT EINER DER WICHTIGSTEN GAMECHANGER IN DER ERZIEHUNG MEINER HUNDE UND DER MEINER KUNDEN UND KUNDINNEN IST: BEWEGUNGSFREIHEIT.

Sich überall frei bewegen zu dürfen, ist ein Privileg. Ein Hund, der sich beispielsweise in der Wohnung oder im Haus frei bewegen kann – ins Badezimmer, aufs Klo, in den Garten und auf alle privilegierten Liegeplätze – könnte den Eindruck gewinnen, ihm gehöre dieser Raum, diese Wohnung, dieses Grundstück. Je nach Motivation des jeweiligen Hundes führt das dazu, dass er schneller dazu neigt, die Dinge, die ihm gehören, zu verteidigen. Diese Tendenz wird verstärkt durch einen Menschen, der keine territoriale Verantwortung übernimmt. Diese Kombination bringt die meisten Hundehaltenden zur Verzweiflung und zwingt sie oft zu einem Training bei uns.

Die Küche und/oder das Badezimmer können geeignete Taburäume sein.

DYNAMIK ZWISCHEN HUNDEN

Man beobachtet häufig das Rennen zwischen Hunden, wobei immer ein Hund wie ein kleiner Spielverderber erscheint. Dieser Hund stoppt jede Bewegung und hält die Dynamik nicht aus. Dadurch kommt es zu keinem entspannten, lustigen Spiel. Diese Hunde zeigen deutlich, wie ihre Bewegungsfreiheit eingegrenzt wird. In weniger dynamischen Situationen äußert sich das auch durch das Queren des Weges eines anderen Hundes, Steifwerden, das Nichtdurchlassen, sich in den Raum legen, vor die Füße legen, den Kopf auflegen oder sogar Aufreiten.

Diese Verhaltensweisen sind ein klarer Hinweis darauf, dass die Bewegungsfreiheit des anderen Hundes eingeschränkt wird. Wenn wir verstehen, dass Bewegungsfreiheit – genauso wie objektbezogene Ressourcen – zu den Privilegien gehört, die dem Hund im Großen und Ganzen erklären, wer die meisten Ressourcen und Privilegien zur freien Verfügung hat und somit die meiste Verantwortung trägt, dann ist Bewegungsfreiheit ein Punkt, den wir nutzen können, um unseren Status und unsere Verantwortung zu betonen.

Das Mitten-im-Flur-Liegen ist ein No Go. Echte Entspannung ist ausgeschlossen und meistens fördert man unerwünschtes Verhalten.

EINTEILUNG DER BEWEGUNGSFREIHEIT

Wie Futter und Spielzeug, können wir auch die Bewegungsfreiheit unserer Hunde einteilen. Bitte verwechsle das nicht mit Zwingerhaltung oder einem Hund, der den ganzen Tag nicht mehr laufen darf und entweder nur in der Box sitzen muss oder angeleint ist. Aus diesem Grund habe ich dir auch bereits das Thema Auslastung ans Herz gelegt: Körperliche und geistige Auslastung ist extrem wichtig. Nur so kannst du guten Gewissens zu Hause die Ruhe deines Hundes verlangen.

Verantwortung übernehmen

Im Grunde geht es darum, deinen Hund aus einer territorialen oder sozialen Verantwortung herauszunehmen. Die meisten Probleme beginnen für uns ab dem Punkt, an dem unsere Hunde glauben, sie müssten uns beschützen – das Haus, die Straße, die Parkbank, auf der wir gerade sitzen, oder das Essen, das im Restaurant auf dem Tisch steht. Dieses Verhalten entsteht meist daraus, dass der Hund in den eigenen vier Wänden im gesamten Alltag immer wieder darin bestärkt wird, dass er dafür zuständig ist. Zum Beispiel, wenn wir ihn den Garten bewachen lassen oder ihn wie einen Türsteher mitten im Raum oder im Flur liegen lassen.
Möchtest du also nicht, dass dein Hund an der Leine oder auch frei bei Hundebegegnungen nur damit beschäftigt ist, andere zu vertreiben, zu bellen oder von dir wegzuschicken, musst du die Ursache am Schopf packen. Du musst die Strukturen, also die Aufgabenverteilung, verändern. Dein Hund darf seinen anderen Talenten nachgehen, wie der Fährtensuche oder dem Apportieren, während du im Alltag darauf achtest, dass keine Eindringlinge zu nahe kommen. Du überprüfst, wer da ist, und kümmerst dich um die Sicherheit der Familie.

Das Liegen vor den Füßen und vor dem Sofa ist eine genauso strategische Position.

Der Bodyguard-Hund

Liegt dein Hund immer an strategisch wichtigen Stellen und kann alles überblicken, übernimmt er natürlich einen Bodyguard-Job. Er ist der Aufpasser, der Türsteher. Das bedeutet nicht automatisch, dass ein Hund mit territorialer Motivation automatisch den Nachbarn frisst. Es geht vielmehr um die Geisteshaltung: Wer innerhalb der Familie welchen Job hat.

DECKENTRAINING: EIN WICHTIGER SCHRITT

Die Einteilung der objektbezogenen Ressourcen ist relativ einfach. Spielzeug in eine Kiste zu packen und diese Kiste so zu verstauen, dass nur du Zugriff hast, ist viel leichter, als deinem Hund die Bewegungsfreiheit einzuteilen. Damit du deinen Hund nicht ständig anleinen musst, bedarf es hier einiges an Training.
Um deinem Hund klarzumachen, dass der Job der Verantwortung bereits von jemand anderem erledigt wird, musst du ihm beibringen, dass er sich an einem strategisch unwichtigen Ort ohne Job und Verantwortung aufhalten soll. Dafür ist das Deckentraining da. Sobald du deinen Hund immer auf eine feste Liegestelle schicken kannst, begrenzt du ihn auch in seiner Bewegungsfreiheit. Gleichzeitig demonstrierst du, dass du mehr Bewegungsfreiheit, aber auch mehr Verantwortung hast.

Sicherheit und Kontrolle

Es ist ratsam, den ein oder anderen Hund anzuleinen und dadurch abzusichern, insbesondere, wenn er Aggressionen Besuchern gegenüber zeigt. Grundsätzlich bin ich jedoch eher dafür, den Hund unter Signal zu stellen, anstatt immer nur mit der Leine arbeiten zu müssen oder Türen zu schließen. Würde die Tür offen stehen, würde der Hund vermutlich doch zum Besuch stürmen. Und das möchte ich natürlich auf gar keinen Fall. Denn das würde zeigen, dass der Hund nicht respektiert, dass er den Job abgeben muss bzw. darf.

1 Ziel ist, deinen Hund von allen Ecken der Wohnung/des Hauses schicken zu können.

2 Laufe direkt mit und belohne, sobald dein Hund auf der Decke ist.

1

2

So geht Decken-Training

Das Decken-Training besteht aus zwei verschiedenen Aufgaben, die irgendwann zusammenfließen: „Geh auf deine Decke" und „Bleib auf deiner Decke."

Teil 1: Geh auf deine Decke

Ein Hund lernt ein Signal, also eine Vokabel, immer in dem Moment, in dem er es einer bestimmten Verhaltensweise zuordnen kann. Immer, wenn dein Hund mit allen vier Pfoten auf seine Liegestelle geht, müsste er das Wort „Decke" hören oder welches Wort auch immer du dir ausdenkst.

1. Leckerli bereitstellen: Halte deinem Hund das Leckerli wortlos vor die Nase und ziehe ihn wie einen Magneten auf die Decke.
2. Signal geben: Erst in dem Moment, in dem dein Hund komplett auf der Decke steht, sagst du „Decke" und belohnst ihn mit dem Keks.
3. Wiederholen: Diese Übung wiederholst du ca. 15 Mal.
4. Distanz erhöhen: Sobald du das Gefühl hast, dein Hund läuft zügiger auf die Decke, kannst du das Signal auch schon einen halben Meter vor der Decke geben.

3

4

3 Gib deinem Hund ein Bleib-Zeichen und entferne dich. Komme immer zurück und belohne, bevor dein Hund aufsteht.

4 Besuch ist eine besondere Ablenkung. Belohne kürzere Bleib-Zeiten.

Teil 2: Bleib auf deiner Decke
Steht dein Hund auf der Decke, dann gibst du nicht sofort die Freigabe, sondern ein „Bleib"-Signal. Bewege dich kurz von der Decke weg und komm sofort wieder zurück, um ihn für das Verweilen auf der Decke zu belohnen. Wiederhole das ein paar Mal und achte darauf, dass dein Hund keinen Fehler macht, weil du vielleicht zu weit weggegangen bist. Im Laufe der nächsten Tage und Wochen wirst du deine Bleib-Skills erhöhen, indem du immer weiter weggehst. Achte darauf, dass du nach wenigen Sekunden wieder zurückgehst, um deinen Hund zu belohnen. Dies ist oft die Schwierigkeit, denn viele Hunde denken, dass die Übung beendet ist, sobald du dich aufs Sofa setzt. Erst ganz am Ende der Skills kannst du dich länger aufs Sofa setzen.

Die Ding-Dong-Übung

Kann dein Hund das Signal „Decke" zuverlässig und von allen Räumen der Wohnung aus, kannst du den nächsten Schritt gehen: Klingeltraining. Dein Hund hat im Laufe der letzten Monate oder Jahre gelernt, dass bei einem Klingelton Party in der Bude ist. Der Schlüssel liegt nun darin, die Erwartungshaltung deines Hundes zu verändern.

1. Desensibilisierung

Lass die Klingel immer mal wieder von Nachbarn betätigen oder nutze deinen Klingelton als Audiodatei, um sie immer wieder im Dauerton laufen zu lassen – ohne, dass jemand kommt. Das hilft, die Erwartungshaltung deines Hundes zu senken.

2. Umkonditionierung

Bisher hat dein Hund gelernt: Ding-Dong = Party, Besuch, Hektik, Stress. Jetzt soll er lernen: Ding-Dong = geh auf deine Decke, bleibe dort und deine Menschen kümmern sich um den Eindringling (so denkt der Hovawart) oder den Besuch (so denkt der Goldi). Du kannst dies üben, indem du mit einer Schüssel voller Kekse vor deinem Hund wartest. Sobald die Klingel ertönt, hältst du ihm den Keks vor die Nase und „ziehst" ihn auf die Decke. Stell dir vor, dein Hund hätte einen Magnet in seiner Nase und du hast den anderen Magneten in deinem Keks. Wiederhole das viele Male, und du wirst sehen, wie dein Hund immer ruhiger wird. Irgendwann wird er lernen, dass der Klingelton nichts Aufregendes bedeutet.

Fazit: Im Laufe des Trainings wirst du immer etwas weiter von der Decke weg stehen, bis du deinen Hund quasi von der Eingangstür aus auf seine Decke schicken kannst. Ziel ist es, dass dein Hund auch mal drei bis vier Stunden am Stück ruhig bleibt, denn

Die Kür ist, deinen Hund von der Haustüre aus auf die Decke zu schicken.

dann geht es sowieso wieder nach draußen. Bist du unglücklich mit der Tatsache, dass dein Hund auf der Decke verweilen muss, klappt das Training meist nicht.

Vorteile des Decken-Trainings

Ruhe und Entspannung: Der Hund kommt zur Ruhe und erreicht sein Schlafpensum von ca. 17 Stunden.
Selbstständigkeit: Du erklärst deinem Hund, dass du alleine im Alltag klarkommst und er dich nicht mehr ständig im Blick haben muss.
Verantwortungsübernahme: Du übernimmst die Verantwortung für die Gemeinschaft und das Territorium, sodass der Hund nicht mehr ständig wachsam sein muss.
Entspannte Begegnungen: Diese Geisteshaltung führt auch zu entspannteren Begegnungen mit anderen Hunden und Menschen.
Impulskontrolle: Decken-Training fördert die Impulskontrolle, da dein Hund erst abwarten und sich beruhigen muss, bevor er Kontakt zu deinem Besuch haben darf. Das entspannt die ganze Situation.

Ist dein Besuch einmal da, kannst du das Bleiben auch üben, ohne dass der Besuch beschnüffelt werden darf.

DIE SACHE MIT DEM POSTBOTEN

Du machst das allererste Mal mit deiner Freundin Urlaub im Westerwald. Ihr habt euch beide eine gemütliche Hütte gemietet und du genießt die Ruhe, die diese idyllische Umgebung bietet. Abends spielt ihr allerhöchstens Gesellschaftsspiele, trinkt ein Glas Wein und lest viel, weil ihr euch vom Alltag erholen möchtet. Es ist eine willkommene Auszeit von der Hektik des Lebens und ihr könnt endlich die Seele baumeln lassen.

Morgens kommt netterweise immer die Vermieterin und bringt euch frisch gebackene Brötchen sowie ein paar Kleinigkeiten fürs Frühstück. In der Regel klopft sie gegen 9:00 Uhr an die Tür und fragt, ob ihr schon wach seid. Es ist eine kleine, freundliche Geste, die den Morgen mit einem Hauch von Gemütlichkeit und Vorfreude auf das Frühstück bereichert. Doch an einem dieser Morgen ist alles anders …

Deine Freundin springt wie von der Tarantel gestochen aus dem Badezimmer und rennt in Richtung Tür. In einem Anfall von panischer Überreaktion schreit sie die Vermieterin an. Sie soll sich sofort verziehen, sonst würde man ihr Beine machen. Oh mein Gott, wie unangenehm! Du stehst da, ganz perplex und gleichzeitig ein bisschen peinlich berührt. Du versuchst, die Situation zu entschärfen, aber es ist zu spät; die Worte deiner Freundin sind bereits wie Pfeile in die Luft geschossen. Selbstverständlich geht deine Freundin am nächsten Morgen zur Tür, als die Vermieterin erneut klopft. Diesmal fragt diese mit einem beunruhigten Unterton, ob ihr heute das Frühstück haben wollt, schließlich habt ihr das ja bezahlt. Deine Freundin kann es nicht fassen. Das war doch gestern deutlich genug, wie sie ihr Bescheid gegeben hat! Ihr Gesichtsausdruck verrät Entschlossenheit, der netten Dame heute mal die Meinung zu sagen.

„Ich möchte schließlich Urlaub haben“, murmelt sie vor sich hin, während sie sich anzieht. Vor allem möchte sie nicht in ihrem momentanen kleinen Paradies gestört werden. Die Gedanken schwirren in ihrem Kopf: Sie kennt die Vermieterin überhaupt nicht und hat keinerlei Vertrauen. Man wüsste ja auch nicht, ob die vermeintlich nette Dame nicht dann doch irgendwie eure Sachen klauen möchte. Die Vorstellung, dass jemand in eurem Rückzugsort Unruhe stiftet, macht sie noch wütender.

Du versuchst, sie zu beruhigen. *„Es ist doch nur ein Frühstück, und sie ist doch nicht hier, um uns zu belästigen!“* Aber deine Worte prallen ab. Ihre Entschlossenheit ist unerschütterlich. Der Urlaub, der doch so friedlich und harmonisch begonnen hat, droht in einen kleinen Konflikt zu kippen, und du bist dir nicht sicher, ob du das mit deinem Nutellabrötchen noch retten kannst.

So sitzt ihr schließlich beim Frühstück und du bemerkst, wie der unverhoffte Konflikt die Stimmung etwas belastet. Aber du hoffst, dass ihr nach dieser kleinen Episode bald wieder zur Normalität zurückkehren könnt – und am nächsten Tag kommt sie erneut … so wie der Postbote. Aus Hundesicht ein unbelehrbarer penetranter doofer Typ, der es einfach nicht kapieren will.

Besuch auf dem Grundstück und im Haus

In unserem Alltag ist es unabdingbar, dass wir Freunde und Familie in unser Haus lassen möchten und es wäre natürlich auch schön, wenn sie das ohne Verletzungen durch unsere Hunde weiterhin tun dürfen. Auch die Pizza, die geliefert wird, sollte in einem Stück im Wohnzimmer ankommen. Ebenso wenig möchten wir Sorge tragen, dass Nachbarskinder, die ungefragt durch das Gartentor in den Garten kommen, vom Hund angefallen werden. Natürlicher sind Territorialität und Schutz der eigenen Menschen Verhaltensweisen, die beim ein oder anderen Hund mehr oder weniger ausgeprägt sind und durch Zucht gewollt verstärkt oder abgeschwächt werden. Es gibt viele Hunde, die sich über jeden Besuch freuen, weil sie generell sozial motiviert sind, Lust auf Menschen haben und Streicheleinheiten super finden. Andere Hunde wiederum sind so territorial veranlagt, dass sie jeden fremden Menschen als Eindringling sehen und diesen vertreiben möchten. Die einen Hunde stellen den Besuch „nur", verbellen ihn oder springen ihn an, andere Hunde beißen tatsächlich auch rein …

Hier ist es deine Aufgabe, dies zu verhindern, zuerst mit Leine und eventuell Maulkorb, später mit dem Decken-Training, wenn du dir sicher bist, dass dein Hund auf seinem Platz bleibt.

Wurde eine Tabuzone etabliert, gilt sie immer!

Klingelspiel bei Besuch

Hast du das Klingelspiel trainiert, ist das eine supergute Basis für die Besucheraktion. Also im Optimalfall klingelt es an der Tür, dein Hund geht von alleine auf die Decke und du kannst den Besuch ins Haus holen, ohne dass dein Hund aufsteht. Leine deinen Hund zu Beginn auf dem Platz an, damit du dir ganz sicher bist, dass er nicht zur Tür kommt. Damit er das Anleinen nicht mit dem Klingeln und somit mit Besuch verknüpft, solltest du ihn auch zwischendurch immer wieder anleinen. Gib ihm in dieser Zeit einen Kauknochen oder einen gefüllten Kong, mit dem er sich beschäftigen kann.
Geht dein Hund beim Klingeln noch nicht automatisch auf seine Decke, dann gib deinem Besuch vorab Bescheid, dass es etwas länger dauern kann, bis du zur Tür kommst. Auch ein Schild an der Tür kann für Fremde wie Postboten hilfreich sein. Ertönt das Klingeln, bringst du zuerst deinen Hund auf die Decke, belohnst ihn dort, leinst ihn an und gehst dann zur Tür. Großartig wäre auch, wenn dein Besuch sich an deine Regeln hält und deinem Hund auf der Decke erst einmal keine Aufmerksamkeit schenkt. Sag auch deiner Schwiegermama, dass der Hund nicht den ganzen Tag im Keller lebt, etwas zu fressen bekommt, geliebt wird und nach draußen darf, und dass es völlig in Ordnung ist, ihn einfach mal 20 Minuten zu ignorieren.

KEKSE VON FREMDEN MENSCHEN

Hast du einen Hund, der skeptisch oder unsicher anderen Menschen gegenüber ist, kannst du deinem erwachsenen Besuch Kekse geben, die sie auf seine Decke werfen. Dabei sollten sie allerdings einen deutlichen Abstand zum Hund halten. Dein Hund sollte in jedem Fall auf seiner Decke angeleint sein, sodass er nicht zu deinem Besuch gehen kann. Landet ein Keks außer Reichweite des Hundes, darf dein Besuch jedoch niemals diesen aufheben und Kontakt zu deinem Hund aufnehmen. Hier

1
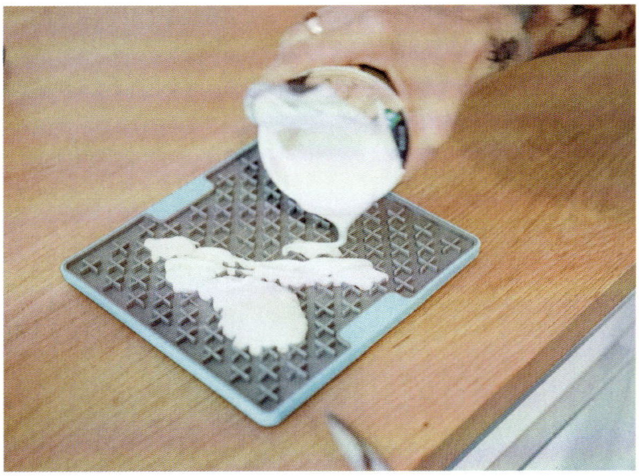

2

1 Nimm Joghurt, Baby-Gläschen oder Nassfutter und verteile es auf der Schleckmatte.

2 Friere das Ganze ein.

würde der Mensch die Individualdistanz des Hundes unterschreiten, was hier viel zu gefährlich wäre.
Durch diese Übung lernt dein Hund, dass die Besucher „Wurstwurfmaschinen“ sind, und sie werden im besten Fall positiv verknüpft.

Kekse trotz Bellen

Häufig werde ich gefragt, ob es nicht kontraproduktiv ist, von Besuchern Kekse zu bekommen, wenn der Hund bellt. Natürlich verstehe ich die Sorge, aber in diesem Fall geht es um die Erwartungshaltung, die der Hund gegenüber Besuch hat: *„Oh nein, da kommt ein Mensch! Ich belle besser, um ihn auf Abstand zu halten.“*
Würde ich in dieser Situation immer warten, bis der Hund ruhig ist, könnte ich den Erstkontakt nicht positiv gestalten. Ich möchte ja die Erwartungshaltung des Hundes verändern in: *„Oh wie schön, da kommt eine Wurstwurfmaschine.“* Zu Anfang bellen die Hunde noch, aber in der Regel geht es sehr schnell, dass die Hunde den Besuch mit etwas Schönem – dem Futter – verknüpfen.
Das ist natürlich eine gezielte Übung, nicht jeder Fremde soll jetzt deinem Hund Kekse zuwerfen.

Immer, wenn dein Hund auf der Decke ist, darf er in Ruhe schlecken (eine Schleckmatte ist viel ungefährlicher als Kauknochen).

SOFA UND BETT

DAS THEMA SOFA UND BETT WIRD SCHON SEIT MEINER KINDHEIT HINSICHTLICH DOMINANZ UND RANGORDNUNG INTENSIV UND SEHR KONTROVERS DISKUTIERT.

Viele alte Thesen besagen: *„Schau einem Hund niemals in die Augen“*, *„Knie dich niemals auf die Höhe seines Gesichts“* und *„Lass ihn niemals aufs Sofa oder ins Bett – sonst übernimmt er die Weltherrschaft.“*

Zunächst einmal ist es wichtig zu betonen, dass Sofa und Bett für die meisten Hunde einfach bequem sind. Viele Hunde lieben es, weich zu liegen und dabei in der Nähe ihres Menschen zu sein. Das gemeinsame Kuscheln und Schmusen fördert die Ausschüttung von Serotonin und insbesondere von Oxytocin, dem Kuschelhormon. Diese körperliche Nähe tut sowohl dem Hund als auch dem Menschen gut und stärkt die Bindung zwischen beiden.

STRATEGISCHES VERHALTEN UND RESSOURCE

Es gibt jedoch auch Hunde, die das Sofa oder das Bett bevorzugen, um ihre Umgebung zu kontrollieren. Sie schlafen dort, weil sie sicherstellen wollen, dass sie sofort aufwachen, wenn ihr Mensch sich bewegt. Ein Beispiel dafür sind Hunde, die direkt vor dem Sofa liegen – strategisch platziert wie der Wächter im Film Robin Hood, der sofort wach wird, wenn die Tür aufgeht.

Ein weiterer Aspekt ist, dass einige Hunde das Sofa oder Bett als Ressourcen betrachten und ihren Platz verteidigen. Sie können knurren oder ernster werden, um andere davon abzuhalten, sich ebenfalls auf das Sofa zu setzen. Besonders problematisch wird es, wenn dein Hund den Kontakt zwischen dir und deinem Partner, deiner Partnerin splittet und den dazukommenden Menschen vom Sofa und dir fernhält.

AUFMERKSAMKEIT

Wenn es um das Thema Aufmerksamkeit geht, ist es ebenfalls relevant, wer hier den aktiven Part spielt. Wenn dein Hund entspannt in seinem eigenen Körbchen liegt, kannst du ihn problemlos zu dir auf das Sofa rufen. Steht er jedoch vor dem Sofa und schaut dich an, lass dich nicht von seinem süßen Blick beeinflussen. Oft denkt man, der Hund fragt um Erlaubnis, doch in Wirklichkeit fordert er nur.
Eine gute Übung ist, fünf Minuten lang nichts zu sagen und einfach abzuwarten. Wenn dein Hund dann auf das Sofa springt, war das keine ernsthafte Anfrage. Geht er jedoch nach einigen Minuten wieder weg, war das ein respektvolles Fragen. Springt dein Hund aufs Sofa, kannst du ihn einfach wieder hinunterführen – achte dabei darauf,

Nur, weil du nicht so leicht zu lenken sein solltest, darfst du natürlich mit deinem Hund schmusen und ihn streicheln.

dass der Boden nicht rutschig ist. Du kannst auch verbal oder kommentarlos eingreifen.

Insgesamt ist es wichtig, sowohl die Bedürfnisse deines Hundes als auch deine eigene Position zu berücksichtigen, um ein harmonisches Zusammenleben zu gewährleisten. Es ist also selbstverständlich erlaubt, mit deinem Hund zu kuscheln. Es kommt nur darauf an, wer es entschieden hat. Dennoch ist es auch für deinen Hund einfacher und stressfreier, wenn er nicht die ganze Zeit der Meinung ist, er sei für sein eigenes Sofaglück verantwortlich. Dein Hund kann sich mit Sicherheit noch viel mehr entspannen, wenn er grundsätzlich weiß, dass du ihm sagst, wann er auf das Sofa darf.

Stell dir vor, du gehst zum Arzt und setzt dich ins Wartezimmer. Automatisch gehst du davon aus, dass du aufgerufen wirst. In dieser Zeit kannst du dich also mit den Zeitschriften beschäftigen oder am Handy herumdaddeln. Du wartest passiv darauf, bis du dran bist. Anders wäre es, wenn du alle paar Minuten aufstehen müsstest, um nachzufragen, ob du jetzt in das Behandlungszimmer darfst. Daher bin ich der festen Überzeugung, dass es auch für deinen Hund entspannter ist, wenn er nicht der Initiator fürs Sofa ist. Er lernt, dass er angesprochen und geholt – also eingeladen wird, sobald er aufs Sofa darf. Man sagt zwar, dass jeder für sein eigenes Glück selbst verantwortlich ist, aber beim Arzt und beim Sofa ist das nun mal anders.

WO SOLLTE EIN HUND NACHTS SCHLAFEN?

Zunächst einmal solltest du darauf achten, dass um dein Bett herum kein rutschiger Boden ist. Dies ist besonders wichtig, falls dein Hund aus dem Bett springt. Zudem ist es nachts oft schwierig, den Hund immer wieder auf seine Decke zu schicken. Diese Decke sollte auf jeden Fall mit im Schlafzimmer sein, am besten weit weg von der Tür. Denn die Gruppe bleibt nachts zusammen. Es würde keinen Sinn machen, den Hund in den Flur zu legen, in einem anderen Raum zu lassen oder vielleicht sogar im Erdgeschoss, während du dich eine Etage höher in eine sichere Zone zurückziehst. In dieser Situation müsste dein Hund vermutlich wie ein Pfadfinder die Fahne bewachen.

Du suggerierst deinem Hund, dass er in der Nacht für die Sicherheit der Familie zuständig ist und möglicherweise auch wachen soll. Dies könnte ein Punkt in der ganzen Matrix sein, der deinem Hund einen falschen Eindruck vermittelt.

Ich kann verstehen, dass manche Menschen nicht gut schlafen können, wenn der Hund nachts schmatzt, sich kratzt, sich tausend Mal dreht oder mit seinen Krallen über das Laminat klackert. Oder auch, wenn er schnarcht. Dennoch ist das einfach ein wichtiger Aspekt, den du unbedingt bedenken musst.

Das Bett als Rückzugsort für deinen Hund

Das Bett ist grundsätzlich wie die Couch – einfach super gemütlich für deinen Hund. Natürlich könnte es

1

auch sein, dass dein Hund das Kontaktliegen nutzt, um zu kontrollieren. Vielleicht möchte er auch dich und deinen Lebenspartner oder deine Lebenspartnerin von dir wegdrängen oder splitten und nachts näher an der Tür liegen, um auf dich aufzupassen. Es kann auch sein, dass dein Hund einfach ohne großen Hintergedanken gerne bei dir liegt und es gemütlich findet.

Je nachdem, welche Themen du mit deinem Hund im Alltag hast, achte auch bei der Bett-Situation darauf, dass die Entscheidung von dir ausgeht. Es sollte kein Automatismus werden, jeden Abend. Am Ende weiß dein Hund überhaupt nicht mehr, wer es entschieden hat, und es ist total normal geworden, dass dein Hund diese privilegierte Liegestelle nutzen darf, wann immer er möchte.

Stell dir vor, dein Bett und dein Sofa sind dein Geldbeutel. Du gehst mit deiner vollen Geldbörse in den Super-

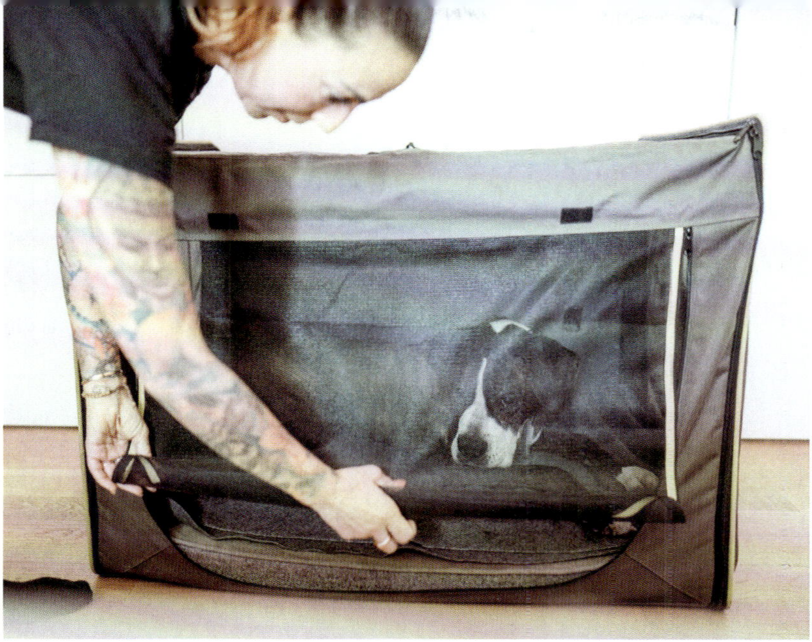

2

1 Das Training mit der Box wird genauso aufgebaut wie mit der normalen Liegestelle.

2 Vor allem, wenn Kinder im Haushalt leben, ist die Box die bessere Alternative als das Anleinen.

markt und musst am Ende bezahlen. Ich bin mir sicher, dass du mehr als blöd schauen würdest, wenn die Kassiererin oder der Kassierer einfach in deinen Geldbeutel greifen würden. Zählst du aber das Geld ab und gibst es dem Kassierenden, ist das wirklich in Ordnung. Also, springt dein Hund einfach auf das Sofa oder aufs Bett, schick ihn wieder hinunter. Wenn du das entscheidest, ist es erlaubt.
Falls du Single bist, solltest du auch entscheiden, ob dein Hund wirklich jede Nacht bei dir schlafen darf. Denn wenn du irgendwann erfolgreiche Dates hast und dein Bett mit jemandem teilen möchtest, ist es nicht vorteilhaft, deinem Hund dann zu erklären, dass er heute einmal nicht mit ins Bett darf. Dazu könnte ich jetzt auch mal aus dem Nähkästchen plaudern, das lasse ich aber lieber …

Hast du dich dazu entschieden, dass dein Hund nachts auf seiner Decke oder in seinem Hundkorb schlafen soll – die natürlich an einem nicht strategischen Ort und am weitesten weg von der Tür liegen – dann musst du darauf achten, dass du deinen Hund immer wieder zurückschickst, auch wenn er aufsteht. Entweder machst du das Licht aus, stellst dich schlafend und wartest auf den Moment, in dem dein Hund doch aufsteht und woanders liegen möchte, oder du stellst eine Zeitlang ein Babygitter vor das Körbchen oder die Decke. Nachts anleinen finde ich zu gefährlich, weil der Hund sich in der Leine verheddern könnte. Natürlich kannst du alternativ auch eine Box aufbauen, in der dein Hund gemütlich schlafen kann. Die Größe der Box sollte so gewählt werden, dass dein Hund stehen und quasi aus dem Stand einmal umfallen kann. Dann ist die Box auf jeden Fall groß genug. Auch muss sie laut Tierschutzgesetz offen bleiben, du darfst den Hund nicht einsperren. Viele Hunde lieben diese höhlenartigen Rückzugsorte.

Mein Tipp

Dein Hund sollte stehen, sitzen und liegen können – dann hat die Box die richtige Größe. Ist dein Hund ausgepowert, kommt er in der Box zur Ruhe.

CARLINO UND CAMO

WO SCHLAFEN MEINE HUNDE?

Carlino

Als ich damals mit meinem Boxer in eine Hundeschule gegangen bin, habe ich die Trainerin gefragt, wie ich es anstellen soll, dass Carlino nachts nicht mehr im Schlafzimmer schlafen muss. Ich weiß nicht, warum ich das damals komisch fand, wenn er im Schlafzimmer blieb. Die Antwort der Trainerin war relativ einfach: Ich sollte das Körbchen jede Nacht ca. 20 cm weiter aus dem Schlafzimmer heraus verschieben, bis es im Wohnzimmer steht.
Gesagt, getan. Ich habe also fünf Nächte gebraucht, bis das Körbchen aus dem Schlafzimmer draußen war und übergangsweise direkt vor der Haustür lag. Mein Hund war gerade mal zwölf Wochen alt und ab dem Moment, wo er im Flur lag, hat er gewufft. Ich fand es komisch, dass dieser kleine Futzi plötzlich Tendenzen hatte, unsere Wohnung zu bewachen. Er war total verunsichert und hat auf Geräusche reagiert. Mein Gefühl sagte mir damals, dass ich ihn einfach wieder ins Schlafzimmer holen sollte – und da blieb er auch elf Jahre lang.

Camo

Camo hat natürlich in den ersten Wochen von mir das absolute Regelpaket bekommen: Futter nur draußen für die Arbeit und Apportieren, drinnen Decken-Training. Und vor allem: Wenn die Klingel ging, sollte er auf die Decke, weil ich natürlich auch noch nicht wusste, wie er mit Besuch umgeht. Das Bett war erst mal tabu.
Ich glaube, nach einem halben Jahr habe ich angefangen, ihn abends mit ins Bett zu nehmen, und da hat er auch lange geschlafen. Mittlerweile ist mir das aber zu gefährlich, weil seine Ellenbogen nicht mehr in Ordnung sind. Da er nierenkrank ist und öfter raus muss, würde er jedes Mal mit seinen Vorderpfoten aus dem Bett springen. Deshalb hat er jetzt ein ganz tolles Hundebett, das er so sehr liebt, dass er gar nicht mehr im Bett schlafen möchte.

RESSOURCE: AUFMERKSAMKEIT, SOZIALKONTAKT

FUTTER UND SPIELZEUG EINZUTEILEN, IST NOCH RELATIV EINFACH. DEINE AUFMERKSAMKEIT EINZUTEILEN, IST DAGEGEN SCHON SCHWIERIGER. DAS WEIß ICH NATÜRLICH AUS EIGENER ERFAHRUNG. DENN MAN HAT SEINEN HUND SEHR SCHNELL ANGEGUCKT, ANGEFASST UND ANGESPROCHEN. EIGENTLICH BRABBELN WIR JA DEN GANZEN TAG MIT UND ÜBER UNSEREN HUND.

Aufmerksamkeit ist aber ein sehr hohes Gut, das wir inzwischen in menschlichen Beziehungen bestimmt schon wertschätzen, aber in Bezug auf unsere Hunde oft total unterschätzen. Wer kennt es nicht? Distanz schafft Nähe, mach dich rar, dann bist du der Star und so ein Käse. Aber leider ist da auch etwas Wahres dran.

Stell dir bitte vor, du bist ein Aufmerksamkeitsautomat und immer, wenn dein Hund bei dir auf den Knopf drückt, dann kommt ein ganzer Brocken Aufmerksamkeit heraus. Dein Hund kann sich also an dir bzw. an deinem Automaten mit Aufmerksamkeit volltanken, wie er möchte. Er hat deine Aufmerksamkeit also zur freien Verfügung. Und jetzt verhält es sich genauso wie mit Futter: Wenn der Napf die ganze Zeit voll ist und dein Hund sich jederzeit am Napf bedienen kann, dann ist das Futter nicht mehr so wichtig. Dann ist es kein exklusives Gut, dann ist es auch kein Lockmittel und ganz sicher auch keine Ablenkung für Situationen, die deinem Hund draußen viel wichtiger sind.

WER BEWEGT WEN?

Möchte dein Hund draußen lieber zu anderen Hunden rennen, dann kannst du ihn vermutlich schwer mit einem trockenen Keks ablenken, zumal er zu Hause einen ganzen Napf voll Trockenfutter stehen hat oder auch immer zwischendurch einfach nur fürs Gucken einen Keks bekommt. Genauso verhält es sich im Grunde mit deiner Aufmerksamkeit: Bekommt dein Hund ständig deine Aufmerksamkeit, sowohl für negatives als auch für positives Verhalten, dann ist diese Ressource irgendwann gestillt.
Sprich, dein Hund kommt zu dir und du streichelst ihn. Oder, dein Hund baut Mist und du schimpfst ihn. Selbst über diese negative Aufmerksamkeit freuen sich einige Hunde, so nach dem Motto: Lieber einmal kurz Ärger als gar keinen Kontakt. Im Grunde genommen buhlen wir den ganzen Tag um die Aufmerksamkeit unseres Hundes. Unser Hund agiert und wir reagieren. Es ist aber ganz wichtig, dass man genau dieses Muster umdreht und dass du derjenige bist, der agiert und dein Hund reagiert.

#FETTFÜRIMMER
HP.324

IM GRUNDE GENOMMEN BUHLEN WIR DEN GANZEN TAG UM DIE AUFMERKSAMKEIT UNSERES HUNDES. UNSER HUND AGIERT UND WIR REAGIEREN. ES IST ABER GANZ WICHTIG, DASS MAN GENAU DIESES MUSTER UMDREHT UND DASS DU DERJENIGE BIST, DER AGIERT UND DEIN HUND REAGIERT.

Tippel, Tippel, Tippel. Vielleicht hast du dich an das Geräusch schon gewöhnt. Achte ab jetzt darauf, dass dein Hund dich nicht ständig „stalked".

Nicht auf alles reagieren

Sagen wir mal, dein junger Hund kommt an der Leine nicht zur Ruhe. Er dreht und wendet sich, er buddelt, er piepst, er bellt und er bekommt keine Aufmerksamkeit von dir. Was übrigens ein super Trainingsweg ist, das Ganze an der Stelle ins Leere laufen zu lassen, vorausgesetzt das Ziel deines Hundes ist es, deine Aufmerksamkeit zu bekommen. Dann macht es natürlich besonders Sinn, dieser Erwartung nicht nachzukommen und deinen Hund zu ignorieren. Jetzt beißt dein Hund in deine Schnürsenkel und du reagierst. Dein Hund lernt also, dass er beim nächsten Mal am besten direkt in die Schnürsenkel beißt, weil er somit schneller Einfluss auf dich hat. Selbstverständlich ist es schwierig, so eine Situation zu ignorieren, wenn die Schuhe teuer waren oder Ähnliches. Aber es geht darum, die Situation so zu schaffen oder zu erschaffen, dass es dir möglich ist, Aufmerksamkeit heischendes Verhalten deines Hundes auch wirklich mal ins Leere laufen zu lassen.

Dominanz durch Ignoranz, diesen Satz habe ich so oft gehört und wollte mich eigentlich immer dagegen wehren. Aber leider ist da etwas dran. **Man muss nicht alles kommentieren, man muss nicht auf alles reagieren. Stell dir vor, du bist für deinen Hund der Fels in der Brandung und nicht das Fähnchen im Wind, das so leicht zu lenken ist.**
Das bedeutet nicht, dass du deinen Hund immer und ständig ignorieren musst. Es geht einfach darum, dass du der Initiator des Ganzen bist. Das gilt nicht für jeden Hund, aber vor allem für die Hunde, die dir ständig den Mittelfinger zeigen, wenn du etwas von ihnen möchtest.

Stell dir vor, du läufst mit deiner besten Freundin durch die Stadt und triffst auf alle Schulkameraden, die du sehr lange nicht gesehen hast. Ihr kommt sofort ins Gespräch, erzählt über alte Zeiten und mit wem sie denn noch so Kontakt hätten. Deine Freundin steht gelangweilt daneben, da

Vor allen Dingen, wenn du nicht einmal mehr alleine auf die Toilette gehen kannst.

sie die Leute nicht kennt, und versucht dein Gespräch zu unterbrechen. Als du nicht reagierst, zieht sie dir an den Haaren und reißt dir deine Handtasche von der Schuler. Jetzt wendest du dich ihr zu und fragst sie, was der ganze Mist soll? Sie schaut dich mit einem einnehmenden Lächeln an, das soviel bedeutet wie: „Komm, die brauchst du doch gar nicht, lass uns weitergehen."

ÜBUNG: DIE DREI A'S

Immer, wenn du deinen Hund **a**nguckst, **a**nfasst oder **a**nsprichst, erst einmal überlegen, wer das Ganze initiiert hat.

Warst du derjenige, der deinen Hund zu sich gerufen und gestreichelt hat: Punkt für dich. Ist dein Hund aber an dir vorbeigelaufen und hat mal kurz geseufzt und du fragst: *„Na, alles gut bei dir?"*, oder streichelst ihm beiläufig über den Kopf: Punkt für ihn.

Folgende Situation

Peter sitzt abends auf der Couch und guckt die Nachrichten. Bello holt sich sein Spielzeug, das natürlich überall herumliegt, und wirft es Peter vor die Füße. Peter nimmt das Spielzeug auf, weil er immer auf seinen Hund reagiert, macht ein Zieh- und Zerrspiel mit seinem Hund, und wirft das Spielzeug. Bello bringt das Spielzeug zurück. Peter macht wieder Party mit Bello, wirft es und Bello rennt ins Körbchen und kaut auf seinem Spielzeug rum. Peter animiert Bello, dass er das Spielzeug doch noch einmal bringen soll. Aber Bello ignoriert ihn und kaut weiter.

Punkt 1 für Bello: Er hat das Spiel angefangen.
Punkt 2: Er hat das Spielzeug bestimmt.
Punkt 3: Er hat den Spielverlauf bestimmt.
Punkt 4: Er hat das Spiel beendet.
Punkt 5: Er hat Forderungen von Peter erfolgreich ignoriert.

5 : 0 für Bello und das in 3 Minuten.

Jetzt stell dir mal bitte den ganzen Tag von Bello und Peter vor oder stell dir deinen Tag mit deinem Hund vor: Wie oft ist es so, dass dein Hund dich bewegt?
Bemerkst du also, dass du mal wieder auf deinen Hund reagiert hast, kannst du auch ein Sparschwein irgendwohin stellen und jedes Mal einen Euro reinwerfen. Kannst du am Ende des Monats davon essen gehen, dann war das Hundetraining nicht wirklich erfolgreich.

Carlino und ich

Als ich damals in meiner Hundetrainerausbildung steckte, hatte ich natürlich auch bei dem Thema Ignoranz etwas zu knabbern. Carlino, mein Boxer, wollte zu Hause auch des Öfteren meine Aufmerksamkeit und ich habe ganz aktiv damit gekämpft, ihn zu ignorieren und das Spielchen umzudrehen. Das habe ich eigentlich immer ganz gut geschafft, bis ich mich mit meinem Laptop aufs Sofa gesetzt habe und er dann erst mal 10 Minuten in mein Gesicht gestarrt hat. Das konnte ich auch noch einigermaßen aushalten und fand diese Trainingsübung eigentlich ganz spannend. Ich war ja im Training. Ich hatte ja eine Mission, also fiel es mir irgendwie leichter. Dann hat dieser Eumel aber seinen Riesenkopf einfach auf meine Tastatur gelegt, sodass das ganze Dokument, das ich geschrieben hatte, entweder gelöscht oder mit Hieroglyphen versehen nutzlos war. Und schwupps habe ich reagiert und ihn weggeschickt. Mist. Punkt für ihn …

An einem der nächsten Tage öffnete ich einfach ein leeres Dokument und es war mir total egal, dass er seinen Kopf auf die Tastatur legte und irgendeinen Mist schrieb.

Aufmerksamkeit ist wie ein Keks. Wir sollten sie eigentlich genauso mit Bedacht einsetzen, wie unsere Leckerlis im Hundetraining. Ich weiß, dass das etwas hart klingt, da wir natürlich eine soziale Beziehung zu unseren Hunden haben. Aber für den Anfang ist es leichter, sich an solchen Dingen zu orientieren und ein Bewusstsein dafür zu schaffen, wie oft man eigentlich mit seinem Hund spricht. Es kommt auch immer auf den Hund an. Aber hast du ein Exemplar, das dich viel ignoriert und sich sehr wenig an dir orientiert, dann ist das Thema „Aufmerksamkeitsautomat“ ein wirklich wichtiges in der Beziehung zwischen dir und deinem Hund.

SELEKTIVE WAHRNEHMUNG

Hier noch eine ganz praktische Geschichte zum Thema „Aufmerksamkeit“. Bei mir auf der Hundewiese ist es in der Nähe der Straße relativ laut. Also, man hört die vorbeifahrenden Autos und zu Beginn nervt es einfach. Sobald man jedoch ins Gespräch mit den Kunden vertieft ist und mit dem Training begonnen hat, blendet man die Straße komplett aus, sie ist einfach nicht mehr da – selektive Wahrnehmung nennt man das.

Oder wenn ich früher bei meiner Oma am Tisch saß und Kuchen aß, hat mich die ersten paar Minuten diese riesengroße Kuckucksuhr genervt, die wirklich ticktack jede Sekunde so laut geklagt hat, dass ich sie am liebsten abgehängt hätte. Doch nach ein paar Minuten habe ich diese Uhr nicht mehr wahrgenommen. Ich habe sie ausgeblendet.

Sei bitte keine Ticktack-Uhr für deinen Hund. Sei nicht die laute Autobahn, sodass dein Hund dich einfach ausblendet, wenn du die ganze Zeit nur mit ihm redest. Discipliniere dich ein wenig, dann hast du es auch im Training leichter. Denn dein Hund muss sich nicht mit Nebensätzen herumschlagen, sondern kann sich auf das Wesentliche konzentrieren.

Stell dir vor, du bist in einem fremden Land und sprichst nur ein paar Worte dieser Sprache. Die Menschen um dich herum reden jedoch in ganzen Sätzen auf dich ein. Du bist also bemüht, die Wörter, die du kennst, aus den Sätzen herauszufiltern, um wenigstens teilweise etwas zu verstehen. Ganz schön mühsam …

DIE SACHE MIT DEM LOB

Und dann ist da noch die Sache mit dem Lob. Es gibt viele Hunde, die sozialen Kontakt richtig toll finden, und es gibt auch Hunde, die den sozialen Kontakt, also die Aufmerksamkeit, tatsächlich schöner finden, als einen Keks oder ein Spielzeug zur Belohnung. Dennoch neigen wir dazu, unsere Belohnung mit der Aufmerksamkeit ein wenig zu übertreiben.

Stell dir vor, dein Kind kann bereits komplette Sätze in der Schule schreiben und du freust dich jedes Mal einen Ast, wenn es zu Hause den ersten Buchstaben aufs Papier bringt: „Wow, du hast ein A geschrieben!"

Beim Belohnen ist es wichtig, dass dein Hund erkennt, ob es „sehr gut", „gut", „befriedigend", „ausreichend", „mangelhaft" oder „ungenügend" ist.

Ignorieren ist nicht immer leicht, vor allen Dingen, wenn der ganze Körper des Hundes eingesetzt wird, um deine Aufmerksamkeit zu bekommen.

FÜHRUNG IM ALLTAG

HELDENPUNKTE SAMMELN

MÖCHTEST DU, DASS DEIN HUND DIR VERTRAUT, EIN OHR FÜR DICH HAT, SICH BEI DIR SICHER FÜHLT, DIE VERANTWORTUNG AN DICH ABGIBT UND SICH AN DIR ORIENTIERT, DANN MUSST DU HELDENPUNKTE SAMMELN.

Hast du einen eher sozial unsicheren Hund, der z. B. Angst vor Artgenossen oder Menschen hat, oder einen nicht umweltsicheren Hund, der vor lauten Geräuschen erschrickt und sich in der Stadt am liebsten verbuddeln würde, dann musst du selbst präsent sein, offen, wachsam und deinem Hund zu verstehen geben, dass du alles siehst und dich darum kümmerst. Du stellst dich vor ihn, um ihn zu schützen.

Anders sieht es dagegen bei einem sehr selbstständigen, eventuell noch territorial motivierten Hund aus. Vor ihn stellst du dich, um zu demonstrieren, dass du es bist, der die Situation klärt. Doch dein Move, dich vor deinen Hund zu stellen, ob in Situationen der Angst oder bei Klärungsbedarf, ist derselbe.

Von dir hängt es ab, ob dein Hund dir vertraut. Du bist der Bodyguard, der Chef und auch ein Elternteil deines Hundes. Je wacher du bist und die Situation richtig einschätzt, desto mehr wird dir dein Hund folgen. Läufst du jedoch verpeilt durch die Gegend, in der einen Hand das Handy, in der anderen die Leine und wie aus dem Nichts kommt ein fremder Hund angerannt … das sind die Situationen, die einfach „Käse“ sind!

Lasse deinen Hund auf gar keinen Fall an unübersichtlichen Stellen vorauslaufen. Es könnte immer ein Rennrad kommen.

VON DIR HÄNGT ES AB,
OB DEIN HUND DIR VERTRAUT.
DU BIST DER BODYGUARD,
DER CHEF UND AUCH
EIN ELTERNTEIL DEINES
HUNDES. JE WACHER
DU BIST UND DIE SITUATION
RICHTIG EINSCHÄTZT,
DESTO MEHR WIRD DIR DEIN
HUND FOLGEN.

MISCH DICH AUCH MAL FRÜHER EIN

Du sitzt mit deinem Mann in einer Kneipe und ihr trinkt gemütlich einen Espresso Martini.
Ein anderer Gast geht auf die Toilette und reibt sich ganz nah an deinem Rücken, während er sich an dir vorbeiquetscht, obwohl eigentlich noch Platz wäre. Du bist irritiert, vergisst es aber erst einmal. Als der Gast wieder von der Toilette kommt, geht er erneut sehr nah an dir vorbei, streichelt dir unangenehmerweise einmal über den Hals und setzt sich wieder an seinen Tisch. Du bist empört und sagst etwas lauter, dass das ja wohl nicht wahr sein kann. Daraufhin bittet dich dein Partner, etwas leiser zu sein, das wäre peinlich.
Der Mann schaut dich die ganze Zeit an, prostet dir zu, obwohl du ihm durch Blicke signalisierst, dass du das nicht möchtest. Jetzt ruft der Mann auch noch zu dir rüber, dass du Schnecke mal zu ihm kommen sollst – er könnte einen Kuss gebrauchen. Du erstarrst und schaust hilfesuchend zu deinem Partner – die Situation wird immer unangenehmer. Doch nun kommt der Mann auch noch geradewegs auf dich zu und drückt dir einen Kuss auf die Wange. Du springst auf, schreist ihn an und schubst ihn weg. Endlich hat sich auch dein Partner dazwischengestellt und den Mann in seine Schranken gewiesen.
Doch nicht genug, jetzt schreit dich dein Partner an, du sollst nicht so laut sein und mit jedem Streit beginnen. Er wäre doch da, wenn es hart auf hart käme. Du wendest dich ab, denn deinem Partner glaubst du das nicht mehr. Hat er dich doch die ganze Zeit im Stich gelassen.

1 Achte darauf, dass du als erstes hinausgehst.

2 Du bist schließlich der Checker, der sich um die Sicherheit kümmert.

3 In die Wohnung darf dein Hund zuerst! Da ist es sicher.

1

2

3

SO SAMMELST DU HELDENPUNKTE

1. Geh immer als Erstes aus der Tür

Du bist nämlich der Checker. Du musst ja schließlich prüfen, ob die Luft rein ist, wenn man aus der Höhle rauskommt.

Du bist derjenige oder diejenige, die sich um die Sicherheit kümmert. Du bist erziehungsberechtigt wie die Eltern eines Kindes. Du schaust in erster Linie, dass kein Rennrad auf dem Gehweg deinen Hund umfährt. Andererseits prüfst du auch, ob nicht gerade Nachbars Rüde vor deinem Haus steht. Dem territorial motivierten Hund zeigst du, dass du die Umgebung prüfst.

Dem **sexuell motivierten** Hund nimmst du natürlich auch ein wenig den Wind aus den Segeln, weil du ihm erklärst, dass er gar nicht für diese „Territoriumsgeschichte" aus sexuellen Bedürfnissen heraus zuständig ist. Kurz gesagt, man braucht natürlich ein Territorium, um sich fortpflanzen zu können. Deswegen hängen diese zwei Motivationen sehr eng zusammen.

Der **sozial motivierte** Hund bekommt natürlich erklärt, dass er gar nicht auf den Menschen aufpassen sollte, sondern dass der Mensch das allein kann und er auf den Hund aufpasst. Also hier sollte ein Rollentausch stattfinden.

Der **umwelt-unsichere oder ängstliche** Hund bekommt demonstriert, dass jemand aufpasst, dass jemand die Gegend prüft, dass jemand wachsam und aufmerksam ist.

1

Echtes „Hintenbleiben"

Gehst du zuerst durch die Tür nach draußen, um deinem Hund zu demonstrieren, dass du prüfst, ob die Welt in Ordnung ist, dann achte darauf, ob du dich vor deinem Hund hinausquetschen musst. Hierbei kannst du überprüfen, ob dir dein Hund wirklich den Vortritt lässt. Du nimmst dein Bein, das du ihm vermutlich in den Weg stellst, einfach mal kurz weg und schaust, ob er die Chance ergreift oder ob er vielleicht sogar zu dir hochblickt und wartet, bis ihr beide losgehen könnt. Falls dein Hund die Chance sofort ergreift und an dir vorbeischießen will, setzt du das Bein kommentarlos einfach wieder vor ihn und wiederholst das Ganze, bis dein Hund abwartet und ihr gemeinsam losgehen könnt.

2

3

2. Nimm deinen Hund an der Straße auf die Seite der Hauswand

Natürlich kann es dir immer passieren, dass du mit dem Hund, der an der Leine pöbelt, genau an einer Haustür vorbeiläufst, wo gerade der Hovawart als Erstes durch die Tür geht.
Grundsätzlich ist es aber sicherer, als den Hund direkt an der Straße laufen zu lassen.

1 Übe an unübersichtlichen Stellen ein „Bleib“.

2 Gib deinem Hund ein deutliches Sichtzeichen oder binde ihn irgendwo mit der Leine an.

3 Komm sofort zurück und belohne ihn, nachdem du die Situation gecheckt hast.

4 Hole ihn ab und gehe mit ihm gemeinsam los.

4

Nutze die entgegenkommenden Menschen, um sie zu grüßen, also aus Hundesicht abzuchecken. Natürlich bist du immer als Puffer dazwischen.

3. Grüße fremde Menschen

So, du hast dir dieses Buch sicher nicht gekauft, um deinen neuen Partner oder deine Partnerin kennenzulernen. Aber für die Singles hier: Das ist jetzt die Möglichkeit, auf Rezept Männer und Frauen anzusprechen und aus Sicht des Hundes territorial abzuchecken. Du „prüfst" sozusagen andere Menschen, fragst sie nach ihrem Personalausweis, um zu sehen, mit wem du es zu tun hast. Hunde tun das untereinander auch, indem sie sich gegenseitig am Hinterteil beschnüffeln. Zeige deinem Hund, dass du das Abchecken der Menschen übernimmst und alles unter Kontrolle hast. Das wirkt sowohl bei unsicheren, als auch territorial oder sexuell motivierten Hunden.

4. Check ums Auto

Logischerweise steigst du ja als Erstes aus dem Auto aus. Das funktioniert ja auch bei einem Kleinkind so: Du packst das Kind als Erstes ins Auto und dann steigst du vorne ein. Nach der Fahrt steigst du aus und holst dein Kind aus dem Auto. Im Grunde ist das eine ganz automatische Geschichte, die man aber noch präziser demonstrieren kann.

1

Steige aus deinem Auto aus und bevor du deinen Hund holst, läufst du um das Auto und prüfst die Umgebung. Vorausgesetzt, dein Hund sitzt so im Auto, dass er dich durch die Scheiben sehen kann. Dann erst holst du deinen Hund aus dem Auto. Auch hier bleibt er erst einmal an der Leine, bis du das Auto verschlossen und deinen Schlüssel weggesteckt hast.
Darf dein Hund nämlich sofort aus dem Kofferraum hüpfen und du packst dann deine Sachen, hat er schon den ganzen Parkplatz abgeschnüffelt, markiert und geprüft, ob die Welt in Ordnung ist.

HELDENPUNKTE BEI HUNDEBEGEGNUNGEN

Die allermeisten Heldenpunkte kannst du vermutlich in Hundebegegnungen sammeln – wenn du es schaffst, aufdringliche Hunde oder solche, die Krawall anfangen wollen, wegzuschicken, bevor sie mit deinem Hund in Berührung kommen. Vermutlich hast du beim Lesen schon ein paar Mal gedacht: *„Naja, aber mein Hund bleibt nicht hinter mir. Wie soll ich meinen Hund hinten halten und einen anderen wegschicken?“* Ja, ich weiß, das ist schwierig. Aber glaube mir, dass das große Ganze dieser Regeln und Strukturen dazu führt, dass dein Hund dir grundsätzlich eher zutraut, die Situation zu regeln. Außerdem musst du in Stellvertretersituationen auch schon Heldenpunkte sammeln und das Abschirmen üben. Lass andere Hunde auch mal nicht an deinen Hund ran – übe nicht erst in stressigen, echten Abenteuersituationen, sondern viel früher, z. B. mit befreundeten Hunden oder Hunden, die dir keine Sorgen bereiten. Entscheide einfach, dass an der Leine heute gar kein Kontakt stattfindet und der Hundekumpel erst nach ein paar Minuten begrüßt wird.

2

1 Vor dem Aussteigen solltest du in Ruhe die Umgebung prüfen.

2 Kofferraum auf, heißt noch lange nicht „Hopp“.

Stelle dich vor deinen Hund immer mit dem Gesicht zum anderen Hund oder Spaziergänger.

1. Schirme deinen Hund ab

Findet dein Hund irgendetwas gruselig, dann stell dich mit dem Gesicht zu dem ängstigenden Objekt, dein Hund ist hinter dir! Es ist wirklich wichtig, dass du das Ding, das deinen Hund verunsichert, im Auge behältst. Stell dich ruhig so vor deinen Hund, dass er an dir vorbeischauen und die Dinge wahrnehmen kann. Wenn du ihm nämlich komplett die Sicht versperrst, ist manchmal schon ein „Sitz“ in solchen Situationen schwierig.

2. Suche dir Stellvertretersituationen

Wenn du im Alltag nie die Chance hast, deinem Hund in gewissen Situationen zu zeigen, dass du ihn retten kannst, wenn es hart auf hart kommt, oder dass du sehr aufmerksam und schnell bist, meinst du, dein Hund dreht sich dann in wirklich brenzligen Situationen zu dir um und fragt, ob du jetzt mal etwas regeln möchtest? Auch hier gilt: Beginne immer mit einer leichten Situation, festige diese und weite sie mehr und mehr aus. Beginne nicht gleich mit dem Worst Case, dies gilt sowohl für den Rückruf als auch für Hundebegegnungen. Nur so schaffst du eine solide Basis, auf der du aufbauen kannst.

3. Fungiere als Puffer

Nimm deinen Hund bei Hundebegegnungen auf die vom anderen Hund abgewandte Seite, sodass du

Sei als Puffer dazwischen und wähle den Abstand, den du und dein Hund schaffen.

als Puffer immer dazwischen bist. Somit kannst du die anderen Hundehaltenden grüßen (prüfen). Dein Hund wird im Zweifel geschützt und du suggerierst ihm, dass er eben nicht zuständig ist.

4. Lass an deinen angeleinten Hund niemand ran

Im Grunde hältst du deinen Hund fest. Er kann, wenn er angeleint ist (damit meine ich jetzt nicht die Schleppleine, sondern eine Ein-bis-Zwei-Meter-Leine) nicht so kommunizieren, wie er es vielleicht mit einer langen oder ohne Leine täte. Er kann keinen Beschwichtigungsbogen laufen, sondern wird durch dein Gerade-auf-den-Hund-Zulaufen gezwungen, dies auch zu tun.

Die Hunde werden auf eine Art miteinander konfrontiert, die sie so nie gewählt hätten – viel zu nah, frontal und respektlos. Nicht selten legen sich Hunde dann hin und drohen auf Distanz. Dieses Hinlegen ist weder Unsicherheit noch Spielaufforderung – meist ist es ein *„Bitte-komm-nicht-näher"*. Und wenn der entgegenkommende Hundehaltende dann noch zu seinem Hund sagt: *„Komm, geh mal gucken"*, dann ist das alles andere als Heldenpunkte sammeln. Dann ist es ein tragischer Moment für diesen Hund, denn sein Mensch ist nicht ganz „knigge", ihn auf den drohenden Hund auch noch zuzuschicken. Er will eigentlich ausweichen, doch sein Mensch zieht ihn geradewegs auf diesen Hund zu – was für ein Desaster.

5. Sexuell aufdringliche Rüden

Auch Junghündinnen finden es nicht toll, wenn ihnen jeder Rüde am Popo riecht. Ältere Hündinnen schnappen oder bellen die aufdringlichen Jungrüden meist erfolgreich ab. Doch wie oft habe ich in den letzten Jahren sexuelle Belästigungen auf Hundewiesen gesehen und dabeistehende lachende Menschen. Sie empfanden es angeblich als ein lustiges Spiel zwischen der Hündin und dem sexuell motivierten Rüden. Doch viele Hündinnen versuchen die Aufdringlichkeit in ein Spiel umzulenken. Das gelingt jedoch nicht und sie werden die ganze Zeit gejagt und belästigt.
Schirme deine Hündin ab, sei ein guter Freund und hilf ihr im Zweifel immer. Warte nicht, bis deine Hündin abschnappt und es womöglich zu einer Aggression kommt. Selbstverständlich ist es kein Problem, dass eine Hündin einem aufdringlichen Rüden deutlich sagt, dass er Abstand halten soll. Bei älteren und souveränen Hündinnen wird das auch meist sofort vom Rüden verstanden und akzeptiert. Hast du so eine Hündin, musst du natürlich auch nichts klären.

6. Vorsicht in Welpenspielgruppen

Schon bei den Kleinsten fängt es an. Da rennen Welpen der unterschiedlichsten Rassen und Mischungen über die Wiese und manche Trainerinnen und Trainer sind der Meinung, die müssten das Zusammenspiel jetzt lernen – Augen zu und durch. Doch was lernt ein junger Hund, der von viel dynamischeren Hunden alle zwei Minuten überrannt und umgeworfen wird? Sicher nicht, dass andere Hunde toll sind! Doch noch viel schlimmer ist, dass er lernt, dass ihm von seinem Sozialpartner Mensch nicht geholfen wird. In diesen Situationen gilt es bereits, die ersten Heldenpunkte zu sammeln.

7. Ältere Hunde schützen

Auch ältere Hunde brauchen unseren Schutz. Häufig sind sie nicht mehr so gut auf den Beinen oder haben auch Schmerzen. Als Carlino mit 10 Jahren Spondylose bekam, musst ich bei Hundekontakten sehr aufpassen, dass ihm keiner in den Rücken sprang. Selbst bei netten, aber sehr dynamischen Hunden, wie z. B. einem braunen

Labrador, konnte ich die Begegnung mit meinem Boxer im Alter nicht mehr zulassen. Ich musste ihn vor diesen Hunden abschirmen. Doch wie schirmt man seinen Hund richtig ab?

Stell dir vor, du stehst als Torwart bei einem Elfmeter im Fußballtor. Jetzt ist deine Beinarbeit wichtig, damit du den Ball im richtigen Moment abwehren kannst. Du hüpfst also hin und her und nimmst dir fest vor, den Ball nicht durchzulassen. Genau das machst du auch bei einem entgegenkommenden Hund. Fuchtel nicht mit den Armen vor seinem Gesicht herum, sondern achte auf deine Beine. Der Hund kommt hier nicht durch! Hunde sind meist sehr beeindruckt, wenn sich ein Mensch kümmert. Dabei musst du überhaupt nicht laut werden oder sehr forsch, bleibe einfach konsequent.
Benötigst du doch eine Stufe 2, dann beuge dich vor und mache einen Schritt auf den Hund zu. Bei Stufe 3 stampfst du mit deinem Fuß auf dem Boden auf und hältst ihn verbal ab. Aber meist ist das gar nicht nötig.

ES IST IMMER WICHTIG HINZUSEHEN, OB DER EIGENE HUND GEMOBBT, GEJAGT, MISSVERSTANDEN ODER SEXUELL BELÄSTIGT WIRD. DANN MUSST DU IHM ZUR SEITE STEHEN UND DIE SITUATION FÜR IHN KLÄREN.

Sei ein Torwart, ohne zu schießen. Die Beinarbeit ist wichtig.

Am besten hältst du die Hand nicht nach vorne, da Hunde meist daran riechen wollen und so noch näher kommen.

HUNDEBEGEGNUNGEN

ÄHNLICH WIE MENSCHEN PROFITIEREN HUNDE VON VIELFÄLTIGEN SOZIALEN INTERAKTIONEN. DER KONTAKT ZU ANDEREN HUNDEN FÖRDERT IHRE SOZIALKOMPETENZ UND ERMÖGLICHT ES IHNEN, IHR VERHALTEN UND IHRE KOMMUNIKATION ZU VERFEINERN.

Diese Kontakte sollten im besten Fall mit souveränen Hunden stattfinden, die keine schlechten Vorbilder sind. Stress gehört zum Leben dazu und ist wichtig, um Resilienz zu entwickeln. In kontrollierten Dosen hilft Stress, die Anpassungs- und Problemlösungsfähigkeiten zu stärken. Es ist jedoch entscheidend, dass Hunde in Begegnungen mit anderen Hunden nicht überfordert werden. Überforderung und schlechte Sozialisierung können zu negativen Erfahrungen führen, die das Verhalten des Hundes nachhaltig negativ beeinflussen können.

ÜBERFORDERUNG UND NEGATIVE ERFAHRUNGEN

Bei Hundebegegnungen sollte dein Hund sich nicht alleine oder überfordert fühlen. Fühlt sich dein Hund schutzlos oder bedroht, kann das Ängste oder aggressives Verhalten auslösen. Dies wirkt sich dann auf zukünftige Begegnungen aus, was besonders problematisch bei Hunden ist, die ohnehin schon unsicher sind oder eine schlechte Sozialisierung hatten.

Die Wichtigkeit positiver sozialer Kontakte von Hunden kann man mit menschlichen Kontakten vergleichen. Auch für Menschen ist es vorteilhaft, verschiedene Menschen mit unterschiedlichen Hintergründen, Charaktereigenschaften und sozialen Kompetenzen kennenzulernen. Durch diese Interaktionen erweitern wir unsere eigenen Sozialkompetenzen.

Bei einem gut sozialisierten Hund muss man sich keine Sorgen machen, dass er nach zwei Wochen ohne Kontakt alles im Umgang mit anderen Hunden verlernt. Wir verlieren unsere sozialen Fähigkeiten ja auch nicht, wenn wir mal zwei Wochen in eine Hütte in die Eifel fahren und das Handy ausschalten.

AUSWAHL DER KONTAKTE

Im optimalen Fall trifft dein Hund auf souveräne Hunde, die Konflikte vermeiden können und sich sicher in ihrer Umgebung bewegen. Von ihnen kann er viel lernen und bekommt eine solide Basis für ein stabiles Verhalten. Unvorteilhaft für junge Hunde ist, nur mit schlechtem Einfluss in Kon-

Hier sieht man, wie sicher ich mir mit meinem Hund bin. Er liegt ohne Leine ganz vorne mitten in der Stadt. In Ausnahmen nicht mehr problematisch.

takt zu kommen. Suche dir also gezielt Hunde, die ein Verhalten zeigen, das dir gefällt und das auf deinen Hund „abfärben" soll. Meide Hunde, bei denen du kein gutes Bauchgefühl hast und dessen Verhalten dir nicht zusagt.

Hundewiesen und ihre Herausforderungen

Nicht jede Hundebegegnung muss gesucht werden. Gerade auf Hundewiesen passieren viele unschöne Dinge, die leicht übersehen werden. Hunde jagen andere Hunde, unsichere Hunde mobben einander und verantwortungslose Hundehaltende greifen nicht ein, wenn es nötig wäre. Solche Situationen können leicht eskalieren, wenn die Menschen nicht aufmerksam sind und die Gespräche untereinander wichtiger sind. Schnell wird übersehen, wenn Hunde belästigt oder bedrängt werden. Dies kann besonders problematisch sein, wenn z. B. eine junge Hündin sexuell belästigt wird oder ein Hund einfach nur wegrennen will, weil er sich unwohl fühlt. Hundehaltende müssen lernen, diese Situationen zu erkennen und entsprechend zu handeln.

VERHALTEN BEOBACHTEN UND RICHTIG EINSCHÄTZEN

Wichtig ist, dass du lernst, Hundeverhalten zu beobachten und richtig einzuschätzen. Es geht nicht darum, jeden Hund in jeder Situation zu schützen, sondern darum, die Situation richtig einzuschätzen. Ist das Kräfteverhältnis der Hunde ausgeglichen, ist die Begegnung sinnvoll? Alter, Gesundheitszustand und Temperament der Hunde müssen berücksichtigt werden, um sicherzustellen, dass die Begegnung positiv verläuft.

Es ist entscheidend, dass Hundehaltende die Fähigkeiten und Grenzen ihrer Hunde kennen und Situationen entsprechend für sie managen. Nicht jede Begegnung ist von Vorteil und manch eine kann deinem Hund mehr schaden als nutzen.
Eine gute Beobachtungsgabe und das Verständnis für den eigenen, aber auch die fremden Hunde ist der Schlüssel zu erfolgreichen Hundebegegnungen. Hinschauen ist zu jeder Zeit wichtig.

Einfluss auf das Sozialverhalten

Ein weiterer wichtiger Punkt ist, dass wir als Hundehaltende durchaus Einfluss auf das Sozialverhalten unseres Hundes haben. Wenn ich einen Rüden habe, der Hündinnen sexuell belästigt und kein „Nein" akzeptiert, darf ich das auch körpersprachlich regeln, indem ich dazwischengehe und nicht nur aus einem Meter Abstand schreie: „Nein, lass das!"
Ich muss mich bewegen, ich muss auch mal hinlaufen, ich muss auch mal splitten. Ich muss mich einbringen. Ich kann meinem eigenen Hund auch sagen, dass mir sein Sozialverhalten nicht gefällt, wenn er den anderen Hund völlig ignoriert.

BESONDERE SITUATIONEN UND RÜCKSICHTNAHME

Nicht jeder intakte Rüde möchte lange Spaziergänge mit anderen intakten Rüden machen, nur weil sich die Frauchen gut verstehen. Solche Begegnungen können schnell zu Spannungen und Konflikten führen. Ähnlich verhält es sich bei

Es muss nicht immer Sitz oder Platz sein. Ein Hund kann auch wunderbar im Stehen warten.

Welpen, die nicht zu jedem Hund hinrennen müssen. Welpen brauchen zwar soziale Kontakte, aber auch das Erlernen von Impulskontrolle und Frustrationstoleranz ist wichtig.
Ein Welpe, der immer zu jedem Hund hindarf, sobald er ihn sieht, wird Schwierigkeiten haben, sich in Situationen zu beherrschen, in denen ein Kontakt nicht angebracht ist. Dies ist besonders relevant in städtischen Gebieten, wo Hunde oft an der Leine geführt werden müssen und nicht jeder Kontakt erwünscht ist.

TRAININGSGRUPPEN UND ECHTE LEBENSSITUATIONEN

Auch in Hundeschulen sollte darauf geachtet werden, dass nicht sofort gespielt wird. Das Training sollte realitätsnah sein und Situationen simulieren, die im Alltag auftreten können. Im echten Leben möchten wir unsere Hunde ja auch zurückrufen können, bevor sie Kontakt aufnehmen.
In Hundeschulen sollte der Fokus auf dem Training und der Verbesserung des Verhaltens liegen, bevor die Hunde spielen dürfen. Dies hilft den Hunden, Disziplin zu lernen und sich auf ihre Menschen zu konzentrieren, auch wenn andere Hunde in der Nähe sind.

AUCH MAL „NEIN“ SAGEN

Es ist völlig in Ordnung, wenn du anderen Mensch-Hund-Teams mitteilst, dass du jetzt gerade keinen Kontakt wünschst. Doch leider verstehen viele Menschen nicht, warum man keinen Kontakt wünscht, und nehmen es einfach nicht ernst. Eine einfache Erklärung wie die Sichtung des Ordnungsamtes kann hier Wunder wirken und unerwünschte Begegnungen vermeiden helfen. Diese Taktik kann besonders nützlich sein, wenn der eigene Hund ängstlich, aggressiv, läufig oder alt ist.

VERHALTEN BEI UNANGENEHMEN BEGEGNUNGEN

Kommt ein fremder Hund auf dich und deinen Hund zu, kann das verschiedene Gründe haben:

- Territoriales Verhalten
- Beschützen seines Menschen
- Unsicherheit

Es ist wichtig, solche Situationen frühzeitig zu erkennen und entsprechend zu handeln. Der eigene Hund sollte geschützt und beruhigt werden, um eine Eskalation zu vermeiden. Ein großer Bogen um den anderen Hund oder das Abschirmen des eigenen Hundes kann oft helfen, die Situation zu entschärfen.

POSITIVE HUNDEKONTAKTE

Schöne Hundekontakte sind großartig, aber nicht um jeden Preis. Treffen sich zwei Hunde in einem ähnlichen Tempo und mit mittlerer Dynamik, ohne frontal aufeinander zuzustürmen, können sie gut miteinander auskommen. Es ist wichtig, dass Menschen auch bei unsicheren Hunden einen Bogen gehen und die Hunde nicht frontal aufeinander zulaufen lassen.
Hundebegegnungen sollten entspannt und kontrolliert ablaufen. Ein langsames Annähern und das Beobachten des Verhaltens beider Hunde kann helfen, eine positive Interaktion zu gewährleisten. Frontal aufeinander zuzulaufen, kann für viele Hunde bedrohlich wirken und sollte vermieden werden.

ANGELEINTE BEGEGNUNGEN

Eine gute Variante ist es, erst angeleint an dem entgegenkommenden Hund vorbeizugehen und danach zu entscheiden, ob die Hunde näheren Kontakt aufnehmen möchten. Dies gibt den Hunden die Möglichkeit, sich erst einmal aus der Distanz zu beschnuppern und einzuschätzen, ob sie zu näherem Kontakt überhaupt bereit sind. Und du kannst beim Vorbeilaufen gut einschätzen, ob die Hunde diese Begegnung gern fortsetzen und intensivieren möchten oder eben nicht. Dies fördert ein entspannteres und natürlicheres Verhalten und kann helfen, unnötige Konflikte zu vermeiden.

CAMO

UND DIE BEGEGNUNG MIT ANDEREN HUNDEN

Camo war nicht wirklich nett im Erstkontakt mit Hunden. Er hat sowohl Hündinnen als auch Rüden – ob intakt oder kastriert, groß, klein, unsicher oder sicher – gerne mal auf links gedreht. Das war damals eine Mischung aus Frustration, wenn ihn eine Hündin wegschicken wollte, oder auch sexueller Motivation, wenn ihm ein Rüde zu potent und präsent erschien. Auch war er unsicher im Kontakt, da er nicht wirklich souverän war und mit der Situation umgehen konnte. Heute kann ich es kaum glauben, wie cool und sicher mein Hund ist.

Reaktion auf fremde Hunde
Natürlich hätte ich das Privileg in meiner Hundeschule gehabt, entsprechende Hunde auszuwählen, Begegnungen am Zaun zu prüfen und Situationen zu stellen. Aber ich wollte keine Kundenhunde nutzen, da ich Camos Reaktion nicht kannte. Doch es gibt ja die nicht rückrufbaren, frei laufenden „Tut-Nixe". Schon beim ersten Spaziergang kam so ein Exemplar auf uns zugerannt und schnell war klar, dass Camo zu Artgenossen nicht gerade nett war. Ein Muster war nicht zu erkennen, aber gut ging es nie. Camo war ständig am Markieren und machte auf „dicke Hose".

Klare Strukturen und Ansagen
Also begann ich damit, ihm klare Strukturen im Haus zu geben und Regeln aufzustellen. Ich entzog ihm die Verantwortung und übernahm sie selbst. Geistig und körperlich bot ich ihm andere Aufgaben. Das Attackieren anderer Hunde habe ich ihm deutlich untersagt und ihn somit auch vor sich selbst geschützt. Zu Beginn war nicht viel davon zu merken, dass mich Camo ernst nahm. Doch mit der Zeit achtete er immer mehr auf mich. Er verstand, dass ich sein asoziales Verhalten anderen Hunden gegenüber nicht duldete und bald schon drehte er sich zu mir um, wenn ein fremder Hund angelaufen kam.

Zwischen Selbstregelung und Schutz
Kommt heute ein junger, rüpelhafter Hund auf Camo zu und nervt ihn, kann er ihm eine klare Ansage machen, aber immer fein abgestimmt auf das Gegenüber. Das hätte ich ihm damals überhaupt nicht zugetraut. Seine Zündschnur anderen Hunden gegenüber ist sehr lang, doch dann kommt eine punktuell angemessene Reaktion. Natürlich gab es dazwischen eine Zeit, in der Camo nicht unterscheiden konnte, ob er jetzt gar nicht mehr maßregeln darf und was ich noch dulde. Ich musste ihn also teilweise wieder darin bestärken, anderen Hunden Grenzen zu setzen. Er musste sozusagen lernen, was okay ist und was über den „guten Geschmack" hinausgeht. Das war anstrengend und nicht immer einfach.
Wir haben heute den Deal, dass ich ihm alles vom Leib halte, was ihm körperlich schaden könnte, und er muss auch stressige Situation nur bedingt aushalten. Warum also sollte ich mit meinem Senior noch auf eine Hundewiese gehen, wo er sich mit dem dreijährigen intakten Rhodesian Ridgeback-Rüden auseinandersetzen muss? Oder mit dem braunen Labrador Retriever, der nicht abbremsen kann und ihn von den Beinen holt? Solche Orte meide ich oder halte Camo diese Hunde vom Leib. Alle anderen Situationen darf er heute selbst regeln.

Diskussionen, eigene Grenzen setzen, seinen Selbstwert, seine Präsenz überprüfen – das gehört zum Leben dazu. Ich möchte aber, dass mein Hund fair zu anderen ist und ich sorge dafür, dass andere Hunde fair zu meinem Hund sind.

FUTTERAGGRESSION

Im Grunde ist eine Futteraggression ein ganz natürliches Verhalten. Ich versuche aber, Situationen mit Hunden immer wieder mit Alltagssituationen zu vergleichen, die wir ohne rosarote Hundebrille besser beurteilen können.

Mein Hund bekommt ein Schweineohr und legt sich mit diesem in zehn Meter Entfernung auf die Wiese. Dort frisst er in Ruhe. Doch nun kommt ein anderer Hund, der ihm das Ohr klauen möchte. Mein Hund zieht die Lefzen hoch und droht: *„Geh weg, das ist mein Ohr!“* Das ist eine völlig normale Reaktion, die das Gegenüber verstehen und auch respektieren sollte. Geht der andere Hund also auf Abstand und mein Hund rennt ihm hinterher, um ihm noch eins „auf die Mütze“ zu geben, ist für mich in dieser Situation das Zuviel erreicht, es geht über den „guten Geschmack“ hinaus.

Trage ich das Schweineohr in meiner Bauchtasche und mein Hund reagiert aggressiv auf einen Hund, der in meine Nähe kommt, bin ich mit dieser Reaktion überhaupt nicht einverstanden. Mein Hund wird doch in dem Moment nicht glauben, dass ich ihm seine Ressourcen trage? Das Schweineohr gehört mir und ich kann damit tun, was ich möchte. Da hat mein Hund nichts zu entscheiden. Ich hoffe, du verstehst den Unterschied. Aggression kann angemessen sein, aber es kommt immer auf die Situation an.

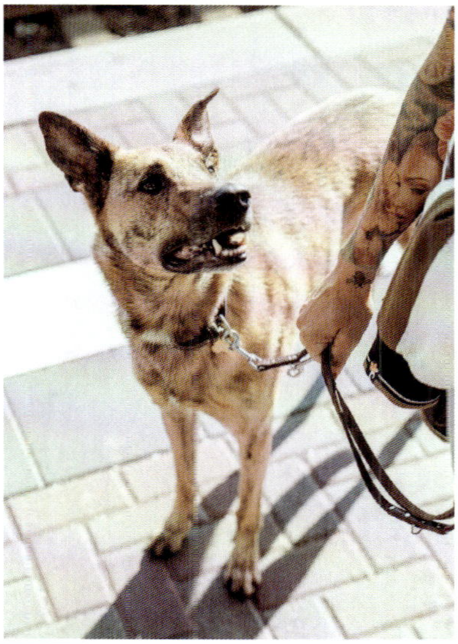

1

2

1 An Bahnsteigen oder an der Straße solltest du die Leine einmal kürzer greifen und sichern.

2 Der Futterbeutel ist nicht nur witzig, sondern wichtig!

MARKIEREN VERSUS SICH LÖSEN

HUNDE PINKELN NICHT NUR, UM SICH ZU ERLEICHTERN, SONDERN AUCH, UM NACHRICHTEN ZU HINTERLASSEN. MIT IHREM URIN TEILEN SIE ANDEREN HUNDEN SPANNENDE DETAILS ÜBER SICH MIT UND SCHNÜFFELN SICH SELBST DURCH DIE „NACHRICHTEN" ANDERER.

1

Diese Duftstoffe, Pheromone genannt, verraten alles Mögliche wie Alter, Gesundheitszustand und Geschlecht. Die Art und Weise, wie Hunde pinkeln, ist genauso vielfältig wie ihre Persönlichkeiten. Kleine Welpen und Junghunde hocken dabei: Hündinnen setzen sich tief mit angezogenen Hinterbeinen, Rüden machen es leicht hockend im Stehen. Anfangs geht es ihnen nicht ums Markieren. Erst in der Pubertät und mit der Geschlechtsreife wird das Urinieren zu einer echten Kunst. Viele Hündinnen bleiben bei der tiefen Hocke, während andere eine höhere Position bevorzugen oder sogar ein Bein heben. Die meisten Rüden hingegen heben das Bein, um an einer schönen, erhöhten Stelle wie einem Baumstamm zu markieren. Einige Rüden pinkeln aber auch weiterhin im Stehen oder leicht hockend, ohne das Bedürfnis, zu markieren. Besonders coole Typen wie einige Jack Russell Terrier schaffen es sogar, beide Hinterbeine in die Luft zu bekommen, um richtig hoch zu markieren. Je gezielter und sorgfältiger ein Hund seine Markierungsstelle auswählt, desto größer ist sein Bedürfnis, sich zu zeigen.

VERTEILEN VON VISITENKARTEN

Im Wesentlichen läuft dein Hund durch die verschiedenen Stadtteile und hinterlässt überall seine Markierungen, als würde er Visitenkarten verteilen. Er möchte wahrgenommen werden, vielleicht um auf sich aufmerksam zu machen oder andere Hunde zu beeindrucken.

Hinterlässt dein Hund also überall seine Markierungen, quasi wie ein eigenes Firmenschild, und du begleitest ihn an der Leine und siehst ihm dabei zu, überträgst du ihm eine gewisse territoriale Verantwortung. Früher hat man das „Sträßchen gehen" genannt. Dann sind Oma und Opa mit dem Dackel noch mal um den Block gelaufen und haben zugeschaut, wie er überall seine Markierung hinterließ.

2

1 Auch Hündinnen markieren an strategisch wichtigen Stellen.

2 Und Rüden können auch mal ganz relaxt in der Hocke pinkeln.

Irgendwann begegnen sich dann die Hunde und Hasso schreit Bello an, warum er denn seine ganzen Nachrichten übersieht. So beginnen häufig Leinenaggressionen.
Also denke daran, du läufst keine Patrouille mit deinem Hund, sondern ausschließlich, damit er sich lösen kann. Erlaubst du deinem Hund ständig, deine Straße, deine Stadt, das Land oder die Welt zu markieren, erhebt er möglicherweise auch Anspruch darauf.

ACHTE AUF DAS MARKIERVERHALTEN

Hat dein Hund einige Stunden geschlafen, ist es nur logisch, dass er sich jetzt auch einmal dringend lösen muss. Also gehst du an eine Stelle, an der sich dein Hund lösen darf.
Ab dem Moment läufst du erst einmal weiter bis zu einer Stelle, an der du die Leine länger oder ganz abmachen kannst. Bis dahin wird kein einziges Mal markiert! Hebt dein Hund sein Bein, gehst du einfach weiter. Je nachdem, wie gut du bereits die häuslichen Strukturen mit deinem Hund aufgebaut hast, darfst du dann auch einmal motzen, wenn dein Hund in deinem Beisein an der Leine markiert.
Ist dein Hund im Freilauf, darf er natürlich auch markieren. Aber man sollte sich schon fragen, ob das Bepinkeln von Mülleimern, Fahrradständern, Hecken, Mauern etc. wirklich angebracht ist. Immerhin leben auch noch Mitmenschen auf diesem Planeten. Und du solltest dich fragen, ob Markieren die Hauptbeschäftigung auf dem Spaziergang ist oder ob es auch noch andere Aufgaben gibt – vielleicht mit dir zusammen?
Je nachdem, ob und welche Probleme du im Alltag mit deinem Hund hast, ist das ein wichtiger Punkt im Zusammenleben.

KLARES UND KONSEQUENTES TRAINING

HCV
TBV
HF

GRUNDSIGNALE

DIE MEISTEN VON UNS VERWENDEN STÄNDIG EINE VIELZAHL VON SIGNALEN FÜR IHRE HUNDE: „RAUS DA!", „STRAßE RUNTER", „SCHLUSS", „NEIN", „KOMM HIER", „LASS DAS", „SITZ", „PLATZ", „FUß", „ZURÜCK" UND „LIEB SEIN". DIESE VIELZAHL AN BEFEHLEN WIRD OFT BENUTZT, OHNE AUSREICHEND DARAUF ZU ACHTEN, WIE GUT DER HUND SIE TATSÄCHLICH VERSTEHT UND AUSFÜHRT.

Wenn man bedenkt, wie lange es dauert, einem Hund ein Signal so fest einzubauen und so stabil zu trainieren, dass es in allen möglichen Situationen sicher abgerufen werden kann, wird klar, dass dieser Prozess Monate dauern kann. Vor allem muss das Signal Tausende Male abgefragt und zur richtigen Zeit belohnt worden sein, ohne dass es durch schlechtes Timing des Menschen „versaut" wurde. Das Timing ist entscheidend: **Ein Signal sollte erst in dem Moment gegeben werden, wenn der Hund das entsprechende Verhalten zeigt, das mit dem Signal verknüpft werden soll.**

Wähle verschiedene Orte, an denen dein Hund sich noch konzentrieren kann.

FEHLER BEIM VERKNÜPFEN VON SIGNALEN

Viele Menschen wissen nicht genau, wie man Signale richtig verknüpft. Dies führt dazu, dass Kommunikationsfehler passieren. Es wird viel geredet und alles Mögliche ausprobiert. Versteht der Hund das Signal nicht richtig, folgen weitere Anweisungen wie „Nein, das ist falsch", „Dreh dich", „Komm zurück", „Setz dich" – obwohl eigentlich nur der Rückruf gemeint war. Diese Unsicherheit und fehlende Klarheit führen dazu, dass Hundehaltende viele zusätzliche Wörter hinzufügen, die nicht wirklich ernsthaft und bewusst trainiert wurden, was zu einem riesengroßen Wortsalat führt.

Ich spreche in meiner Hundeschule oft darüber, wie wichtig es ist, sich Gedanken darüber zu machen, wie viele Signale wir unseren Hunden beibringen und wie viele wir unbewusst im Alltag verwenden. Oft werfen wir einfach Wörter oder Handzeichen in die Runde, ohne zu bedenken, wie anstrengend und verwirrend das für unsere Hunde sein kann. Die meisten Hunde verstehen z. B., was ein Handzeichen in einem bestimmten Kontext wie „Sitz“ bedeutet, oder dass sie einen Ball holen sollen, sobald dieser fliegt – ganz egal, welches neue Wort wir gerade erfunden haben. **Gerade deshalb halte ich es für entscheidend, dass wir bei den Vokabeln, die wir unseren Hunden vermitteln wollen, besonders sorgfältig sind.** Es ist wichtig, dass wir stets die gleiche Bezeichnung verwenden.

Stell dir vor, du lernst gerade Mathe. Du weißt mittlerweile, dass 3 + 3 = 6 ist. Was wäre es für

Die ganze Stadt ist ein Abenteuerspielplatz und sollte genutzt werden.

ein Durcheinander, wenn du am nächsten Tag hören würdest, dass auch 7 als Ergebnis in Ordnung ist? Wenn ich also jeden Tag eine andere Antwort auf 3 + 3 höre, werde ich niemals sicher wissen, was die richtige Lösung ist.

Wenn ich möchte, dass das Bringen eines Balls „Apport" heißt, dann sollte ich nicht ständig andere Begriffe verwenden wie „Bring", „Lauf", „Nimm´s" oder „Komm in die Hand". Kontinuität in der Kommunikation ist der Schlüssel, um Missverständnisse zu vermeiden und unseren Hunden klare Anweisungen zu geben.

Mein Tipp

Schreibe dir alle Signale auf, die du hast.

Was bedeuten sie genau, kann man das Signal auch durch ein anderes, schon bestehendes ersetzen? Heißen manche Signale sogar anders, aber das gleiche wird erwartet? Welches Sichtzeichen gehört zu dem Signal und wie gut versteht dein Hund dieses Wort?

PROVOZIEREN DES GEWÜNSCHTEN VERHALTENS

Um ein Verhalten zu benennen, muss es provoziert werden. Beispielsweise kann man körpersprachlich rückwärtslaufen und in die Hände klatschen. Der Hund wird vermutlich auf einen zukommen, und wenn er das tut, was man möchte – also das Kommen –, benennt man dieses Verhalten mit dem Wort „Hier". Der Hund erhält dafür ein besonders leckeres Leckerli und man sorgt dafür, dass kein einziger Pfiff oder kein einziges „Hier" ins Leere läuft. Dieser Vorgang muss dann tausend Mal in unterschiedlichen Situationen wiederholt werden.
Hunde brauchen nicht viele verschiedene Signale, um effektiv trainiert zu werden. Im Grunde reichen etwa acht grundlegende Signale: „Sitz", „Platz", „Bleib", „Hier", „Nein", „Fuß", „Decke", „Apport" und „Aus".
Weitere Signale sind oft unnötig und führen zu Verwirrung, da sie nicht konsequent und intensiv genug trainiert wurden.

Beispiel: Straßenüberquerung

Hat man mit seinem Hund ein gutes „Fuß" trainiert und bleibt an einer Straße stehen, bleibt auch der Hund automatisch stehen. In diesem Moment hält man die Leine etwas kürzer, damit der Hund nicht auf die Straße tritt. Ein zusätzliches „Sitz" ist in dieser Situation nicht unbedingt notwendig. Viele Menschen denken, dass ein „Sitz" an der Straße hilfreich ist, um den Hund davon abzuhalten, direkt über die Straße zu rennen, falls er einmal wegläuft. Das ist jedoch ein Trugschluss. Wenn ein Hund aus Panik oder starker Motivation, wie dem Geruch einer läufigen Hündin oder der Anwesenheit eines Konkurrenten, wegläuft, wird ihn das gelernte „Sitz" wahrscheinlich nicht aufhalten. Wenn der Rückruf („Hier") nicht funktioniert, warum sollte dann das Signal „Sitz" an der Straße funktionieren?
Um ein Signal wirklich sauber zu trainieren und es auf alle möglichen Alltagssituationen auszudehnen, ist Konsequenz erforderlich. Dies bedeutet, dass man in jeder Situation das gleiche Signal gibt und das Verhalten des Hundes immer gleich belohnt. Andernfalls kann der Hund verwirrt werden und das Signal nicht zuverlässig ausführen.

Ein konsequentes und durchdachtes Training erleichtert das Leben für Mensch und Hund erheblich. Anstatt eine Vielzahl von Signalen zu verwenden, die oft nicht richtig verstanden werden, solltest du dich auf einige wenige, gut trainierte Signale konzentrieren.
Dies führt zu einer besseren Kommunikation und einer stärkeren Bindung zwischen dir und deinem Hund.

EIN SIGNAL SOLLTE NIEMALS INS LEERE LAUFEN, ALSO OHNE REAKTION DES HUNDES BLEIBEN, DA DIES DAS TRAINING RUINIERT.

LEINENFÜHRIGKEIT

LEINENFÜHRIGKEIT MACHT DEN UNTERSCHIED ZWISCHEN EINEM ENTSPANNTEN SPAZIERGANG UND EINEM STÄNDIGEN KRÄFTEMESSEN AN DER LEINE.

Ich bin leider etwas traumatisiert, was das Laufen an der Leine angeht, weil mich damals sowohl Carlino als auch Camo von A nach B gezerrt haben. Doch Leinenführigkeit ist nicht nur ein Trick, den du deinem Hund beibringen solltest, weil es
a) von außen betrachtet viel schöner aussieht.
b) alle Situationen kontrollierter gestaltet.
c) das große Ganze in Bezug auf Bewegungsfreiheit begünstigt, da du die Bewegungsfreiheit begrenzt.

Stell dir vor, du läufst mit deinem kleinen Kind über den Kölner Weihnachtsmarkt. Es ist sehr voll und eng und du möchtest sowohl das Handbrot als auch die Zuckerwatte und den Glühwein. Du musst also durch den ganzen Weihnachtsmarkt laufen, um alles zu bekommen. Dein Kind führst du natürlich an deiner Hand, damit es im Trubel nicht abhandenkommt. Und genau das passiert auch mit der Hundeleine. Die Leine ist quasi das Händchenhalten von Mutter und Kind.

1 Ich weiß selbst, wie unangenehm und schmerzhaft ein nicht leinenführiger Hund ist.

2 Ist die Ursache des Ziehens allerdings geklärt, geht es nur noch um den „Trick“ Fuß.

1

2

CARLINO
UND DIE SACHE MIT DER LEINE

Als gelernte Werbekauffrau habe ich Carlino damals mit in die Agentur genommen und musste in Meetings auch mal High Heels und Jacketchen tragen. In der Mittagspause bin ich dann mitten in der Kölner Innenstadt von Straßenlaterne zu Parkeingang geflogen. Die Blicke der Passanten sind mir heute noch im Gedächtnis: *„Wie kann diese Tussi nur einen so großen Hund haben, den sie nicht einmal halten kann!“*

„Die Leinenführigkeit ist der Spiegel der Beziehung“, so habe ich es damals im Martin Rütter-Handbuch gelesen und bin fast vom Stuhl gekippt, weil ich dachte: *„Na toll, die Beziehung zwischen mir und meinem Hund ist ja wohl mal Käse.“* Selbstverständlich liegt es oft daran, dass man die Leinenführigkeit nicht sauber genug trainiert, im falschen Moment belohnt, die Ursache nicht klärt, der Hund nicht ausgelastet ist oder man den Hund einfach nicht lobt, wenn er mal schön läuft. In dieser Zeit habe ich Seminare besucht, bei denen mein Hund immer dann mit einer Kette beworfen wurde, wenn er ein Stück zu weit vor mir ging. Suchte er Zuflucht und lief an meinem Fuß, wurde das Kettenwerfen eingestellt. In der Lerntheorie nennt man das „negative Verstärkung“. Das bedeutet, dass man immer beim erwünschten Verhalten – hier dem am Fußlaufen – den unangenehmen Reiz entfernt. Eine in meinen Augen gruselige Methode, die aber leider immer noch angewendet wird.

Mit Carlino auf den Rheinwiesen

Mein Alltag sah weiterhin so aus: Ich fuhr mit dem Auto zu den PollerWiesen direkt am Rhein. In der Regel sind hier sehr viele Hundehaltende mit ihren Hunden unterwegs und für meinen Boxer war es einfach eine riesengroße Party. Schon das Aussteigen war schwierig, an ein entspanntes Laufen an der Leine gar nicht zu denken. Ich ließ Carlino aus dem Auto hüpfen und gab ihm das Signal „Sitz“. Doch mein Hund war so abgelenkt und überhaupt nicht ansprechbar, also zurück ins Auto. Ich schloss den Kofferraum, dann wartete ich 5 Sekunden und ließ ihn erneut heraus. Das wiederholte ich konsequent. Ich ließ Carlino also immer wieder aus dem Auto und wenn er nicht auf mich achtete, kam er zurück in den Kofferraum. Das war schon mal ein Gamechanger. Bestückt mit erstklassiger Belohnung versuchten wir die ersten Schritte. Am Anfang waren es gerade mal zwei Meter, dann habe ich ihn in den Freilauf geschickt und er durfte schnüffeln und pinkeln. Mit der Zeit lernte Carlino, dass er erst einmal ein paar Schritte an meiner Seite laufen muss, bevor es zum Schnüffeln geht. Es war ein großes Stück Arbeit, doch schließlich konnte Carlino eine ganze Strecke an der Leine laufen, bis ich ihn in den Freilauf ließ. Heute weiß ich, dass der Spaziergang meist so verläuft, wie er beginnt.

CAMO
UND DIE SACHE MIT DER LEINE

Dieser Hund hat in puncto Leinenführigkeit den Vogel abgeschossen. Du musst dir vorstellen, dass ich diesen 40 Kilo Hund aus dem Bonner Tierheim geholt habe und er überhaupt nicht auf mich geachtet hat, da er nur mit Pinkeln und Scharren beschäftigt war. Jeder Grashalm wurde angepinkelt. Mit mir hatte er absolut noch nichts am Hut, ein ordentliches Fußlaufen konnte ich also nicht erwarten, aber zumindest mal einen Blick zu mir? Nix zu machen. Nachdem ich mich irgendwann entschieden hatte, ihn trotz seiner Ignoranz und aller Baustellen zu mir zu holen, stand Leinenführigkeit auf der Tagesordnung. Also ging ich auf die eingezäunte Wiese meiner Hundeschule, um ihn dort besser kennenzulernen und ihn auch mal frei laufen zu lassen. Natürlich war das Bild, das wir beide dort abgaben, mehr als rufschädigend. Eine Hundetrainerin, die von ihrem eigenen Hund von A nach B gezogen wird, ist wahrlich kein Aushängeschild für eine gute Hundeschule. Meine Kundinnen und Kunden schmunzelten, auch mich einmal in so einer Situation zu sehen. Und ganz ehrlich, ich habe mir Sorgen gemacht, ob Camo und ich das hinbekommen.

Halsband und Geschirr

Camo kam zu Coronazeiten zu mir und es gab weder Freizeitbeschäftigungen noch Gastronomie. Doch in Köln gab es Glühweinwanderungen.

Auf diesen traf ich mich mit meinen Mädels und nahm natürlich auch Camo mit. Ausgestattet mit Halsband, Geschirr, einer kurzen Leine sowie Käsewürfeln begaben wir uns auf die Wanderung durch die Stadt. Da wir wegen Corona alle zueinander einen größeren Abstand hielten, war es für Camo nicht ganz so schwer. Immer wieder befestigte ich die Leine am Halsband und lief ein paar Schritte Fuß.

Wurde die Ablenkung zu groß und Camo konnte sich nicht mehr konzentrieren, führte ich ihn am Geschirr. Fürchtete er sich vor etwas oder jemandem, stellte ich mich vor ihn. Auch durfte er hin und wieder Käsewürfel suchen, um die Reize ausblenden zu können. War er sehr gestresst und wollte auch kein Futter nehmen, ging ich mit ihm in eine ruhigere Seitenstraße und ließ ihn zur Ruhe kommen. Im Laufe der Zeit wurde es immer besser und seine Rute war nicht mehr bis zum Bauch eingezogen, sondern hing irgendwann entspannt hinten runter und er

1

tappte mit mir mit. Ich habe immer wieder kurze Sequenzen Leinenführigkeit geübt und ihn dann wieder am Geschirr laufen lassen.

Einfach mal machen!

Eine große Hilfe war ein Freund, der Camo einfach an seine Hand genommen hat und mit mir und einem weiteren Hund durch Köln gelaufen ist. Als Hundetrainerin schoss mir natürlich sofort durch den Kopf, den Hund nicht zu überfordern, ihn vor der Reizüberflutung zu schüt-

2

zen, ihm nicht zu viel Stress zuzumuten, denn in diesem Zustand ist Lernen unmöglich. Doch ich muss sagen, mir hat es gutgetan, jemanden an meiner Seite zu haben, der einfach mal machte und nicht immer alles bis ins kleinste Detail analysierte. Auch meinen Kundinnen und Kunden rate ich, ängstlichere Hunde einfach mitzunehmen – in die Stadt, auf Familienfeiern, auf den Campingplatz. Ich habe immer wieder die Erfahrung gemacht, dass das Integrieren in das eigene Leben wichtig ist, egal ob man auf dem Land, in Berlin-Tempelhof oder auch Köln-Ehrenfeld lebt. Da, wo man wohnt, wohnt man eben! Damit wir uns richtig verstehen, ich spreche hier nicht von Hunden, die zwei Monate nicht hinterm Kamin hervorkommen, weil sie einfach nichts kennengelernt oder nur schlechte Erfahrungen gemacht haben. Es kommt immer auf die psychische Verfassung jedes einzelnen Hundes an. Der eine Hund macht einfach alles mit, der andere braucht einen kleinschrittigeren Aufbau.

1 Auch hier bin ich der Aufpasser, falls es richtig rappelt.

2 Ich übe „Bodyguard-Sein“.

AUFBAU DER LEINENFÜHRIGKEIT

Dein Hund soll lernen, dass er ordentlich an deiner Seite läuft, ohne zu ziehen. Die Leine sollte durchhängen und dein Hund darf auch ganz normal geradeaus schauen, ohne dich nackenstarren-mäßig dauerhaft angucken zu müssen.
Ein gut leinenführiger Hund versteht den Unterschied zwischen „Arbeiten" und „Freizeit". Halsband bedeutet, dass er sich auf dich konzentrieren und ordentlich an deiner Seite laufen muss. Er sollte dabei nicht ziehen und sich durch keine Ablenkung aus der Ruhe bringen lassen. Geschirr hingegen signalisiert deinem Hund: *„Du hast mehr Freiraum"* oder *„du als Mensch kannst mal pfuschen"*. Am Geschirr darf er etwas schnüffeln und auch mal an der Leine ziehen. Es ist also entscheidend, dass du Halsband und Geschirr eine klare Bedeutung zuweist.

Warum Leinenführigkeit bei dir und deinem Hund bisher vielleicht nicht funktioniert hat:
– Dein Hund ist zu abgelenkt durch Gerüche, andere Hunde oder interessante Geräusche.
– Ihr habt noch keine klare Struktur, wann ist Fußlaufen angesagt und wann „Pause".
– Dein Hund hat gelernt, dass er durch Ziehen schneller ans Ziel kommt.
– Du belohnst gutes Verhalten nicht konsequent genug, oder du korrigierst unerwünschtes Verhalten nicht richtig.
– Möglicherweise waren die Anforderungen bisher zu hoch.

Dein Hund ist …
– … nicht ausgelastet.
– … sehr jagdlich ambitioniert.
– … territorial und will alles checken.
– … sexuell motiviert und muss tindern, alles überpinkeln, sich bewerben, konkurrieren etc.
– … ängstlich, zieht deshalb kopflos.
– … fühlt sich dir gegenüber verantwortlich und läuft für dich vor.

1

1 Klicke die Leine ans Geschirr, wenn du pfuschen musst

2 Halsband: Jetzt laufen wir ganz ordentlich an der Leine.

Wie bei allen Grundsignalen gilt: Es ist wichtig, die Ursachen des unerwünschten Verhaltens zu erkennen und parallel daran zu arbeiten. Mit dem richtigen Training wirst du die Leinenführigkeit perfekt aufbauen können.

Das brauchst du

Um die Leinenführigkeit effektiv zu trainieren, benötigst du folgende Ausrüstung:

– Ein Halsband und ein Geschirr. Das Geschirr steht für Freiheit, das Halsband für Fußlaufen.

– Eine 1,5 Meter lange Leine.

– Eine Gürteltasche für deine Leckerlies und ggf. ein Spielzeug.

Mit dem Geschirr darf dein Hund freier agieren und auch mal ziehen, z. B. wenn du schnell irgendwohin musst oder die Situation für deinen Hund einfach noch zu schwer ist. Sobald jedoch das Halsband zum Einsatz kommt, ist ein „schönes Fuß“ angesagt.

Handhabung der Leine

Wähle eine Seite, auf der dein Hund laufen soll – z. B. die rechte Seite. In diesem Fall hältst du die Leine mit der linken Hand, damit du mit der rechten Hand loben und belohnen kannst. Es ist wichtig, dass du die Leine am Ende festhältst – und zwar so, dass sie durchhängt und wie ein Smiley aussieht. Dein Hund soll also spüren, dass die Leine locker ist, und lernt so, dass er nur dann Belohnungen bekommt, wenn die Leine locker bleibt.

Mein Tipp

Belohne nicht nur einfach mit Keks ins Maul, sondern belohne auch mal mit einem Suchspiel.

2

1

2

3

1 Ist dein Hund zu weit vorne, hast du zwei Möglichkeiten:

2 Drehe dich von ihm weg.

Erste Steps

Geh ein paar Schritte, sag „Prima“ und belohne deinen Hund sofort mit einem Leckerli. Dieses Muster wiederholst du ständig. Bleibt die Leine locker und dein Hund läuft in einem schönen Tempo neben dir her, wird er immer wieder gelobt und belohnt. So verknüpft er das lockere Laufen an deiner Seite mit positiven Erfahrungen.

Übungsaufbau: Schritt für Schritt zur perfekten Leinenführigkeit

1. Beginne mit Halsband: Wenn du das Training startest, sollte dein Hund mit der Leine am Halsband an deiner Seite laufen. Belohne jeden Schritt, den er sich auf dich konzentriert und die Leine locker bleibt.
2. Korrekturen bei Fehlverhalten: Sobald dein Hund anfängt zu ziehen, ändere die Richtung oder gehe um ihn herum, um ihm den Weg abzuschneiden. Dein Hund lernt schnell, dass Ziehen nicht zum Ziel führt.
3. Belohne konsequent: Sobald dein Hund wieder an der richtigen Position läuft und die Leine locker bleibt, lobe ihn und gib ihm ein Leckerli. Variiere dabei die Belohnungen, um ihn motiviert zu halten.
4. Wähle eine ruhige Umgebung: Zuerst solltest du in einer ablenkungsarmen Umgebung trainieren. Achte darauf, dass dein Hund nicht überfordert wird. Läuft er in ruhigen Situationen sicher, kannst du die Schwierigkeit nach und nach steigern, indem du ablenkungsreichere Orte aufsuchst.

BELOHNUNGSVARIANTEN

Die Belohnungen sollten variieren, damit dein Hund motiviert bleibt.
1. Verbales Lob: Ein einfaches „Prima“ reicht oft schon aus.
2. Verbales Lob + Leckerli: „Prima“ und ein Leckerli direkt ins Maul.
3. Verbales Lob + Suchspiel: „Prima“ und dann ein Leckerli nach hinten werfen, das dein Hund suchen darf. So verbindest du das Training mit einem kleinen Spiel.

4

4. Verbales Lob + Jagdspiel: „Prima" und dein Hund darf ein paar Meter an der Leine einen Futterbeutel erjagen und zu dir zurückbringen. Daraus wird er dann gefüttert.

Wann loben, wann Richtungswechsel?

– Gefällt dir, wie dein Hund an der Leine läuft? Dann lobe ihn sofort!
– Gefällt es dir nicht? Dann ändere die Richtung.

Weg von deinem Hund: Wenn er auf der rechten Seite läuft und zieht, drehst du dich sofort nach links weg und gehst in die entgegengesetzte Richtung.

Um deinen Hund herum: Alternativ kannst du auch um ihn herumgehen und ihm den Weg abschneiden. Dafür musst du schnell sein und genau auf deinen Hund achten! Dein linkes Bein sollte dabei um ihn herumgeführt werden, um den Weg zu blockieren.

ÜBST DU NOCH ODER BENUTZT DU SCHON?

Zu Beginn des Trainings wirst du viel korrigieren müssen, indem du die Richtung wechselst oder deinen Hund durch Blocken daran hinderst, zu ziehen. Mit Korrigieren meine ich nicht, dass du ihn anmotzen oder anders maßregeln sollst!
Merkst du, dass dein Hund immer häufiger ohne Zug an der Leine läuft und sich besser auf dich konzentriert, kannst du beginnen, das Training auf „echte" Spaziergänge zu übertragen. In dieser Phase ist der Übergang zwischen Üben und Anwenden fließend. Achte darauf, dass du in einfachen Umgebungen beginnst und die Anforderungen allmählich steigerst. Wenn dein Hund sich zu sehr ablenken lässt, geh wieder einen Schritt zurück und übe weiter in einer ruhigeren Umgebung. Oder befestige die Leine für eine Pause am Geschirr.

3 Belohne nach ein bis zwei Schritten das erwünschte Verhalten.

4 Warte nicht, bis dein Hund so weit vorne ist, sondern gehe einfach viel schneller um ihn herum.

1

HINTER DER BELOHNUNG HERJAGEN

Du hast die Möglichkeit, deinen Hund einfach mit einem Keks im Maul zu belohnen. Du kannst aber auch erst einmal das Wort „Prima“ oder „Fein“ sagen – also das Wort, das deine Belohnung ankündigt – und danach folgt dann eine entsprechende Belohnung. Die muss nicht nur ein Keks im Maul sein, sondern kann auch erst einmal erjagt werden.

2

Lass den Keks einfach mal nach hinten kullern

Wenn dein Hund rechts neben dir läuft, du die Leine in der linken Hand hältst und die Belohnung in der rechten Hand hast oder aus der Tasche holst, kannst du dich nach rechts zu deinem Hund drehen und den Keks zwischen euch nach hinten werfen. Du drehst dich dabei quasi um 90° nach hinten, dein Hund ebenfalls – ihr dreht euch also kurz zueinander und orientiert euch dann nach hinten.

1 Dreh dich gemeinsam mit deinem Hund nach hinten und halte die Leine hoch.

2 Du kannst mit deiner Hand die Richtung anzeigen.

3 Achte darauf, dass du einen Schritt mit nach hinten gehst, damit dein Hund nicht ins Halsband rennt.

3

1

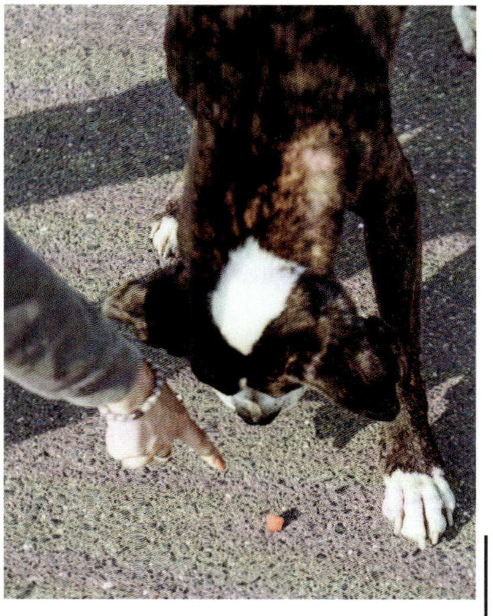

2

Dein Hund kann dem Keks hinterherrennen und hat damit eine kleine Auflockerungsübung, die gut für Körper und Geist ist. Mach das in Leinenlänge – das funktioniert wunderbar auch an einer 1,5 Meter langen Leine, wenn du vielleicht sogar noch einen Schritt mitwippst. Falls dir das peinlich sein sollte, denk einfach daran, wie es vorher aussah … also der Moment, an dem dein Hund dich von A nach B gezogen hat.

Mit mehr Action dem Keks oder Apportel hinterher

Möchtest du ein bisschen mehr Action und hast dafür genug Platz, kannst du diese Übung ausnahmsweise auch am Geschirr mit einer Schleppleine machen. Dein Hund sollte aber ordentlich am Geschirr laufen können und nicht ziehen! So kannst du ein paar Schritte Fußlaufen, bevor du den Keks nach hinten wirfst. Anstatt einen Keks zu werfen, kannst du auch ein Apportel oder den Futterbeutel nehmen.

Merke dir diesen Satz: *„Wow, du bist aber schön neben mir hergelaufen! Prima – dafür gibt's jetzt ein Suchspiel mit Action …"*

Nachdem dein Hund seine Belohnung gefunden, gefressen oder zu dir zurückgebracht hat, nimmst du ihn mit deiner rechten Hand körpersprachlich einfach wieder in die nächste Sequenz des Fußlaufens. Das Leinenspiel kann von vorne beginnen.

1 Suchspiele sind überall in der Stadt wertvoll und sinnvoll.

2 Zu Beginn muss man die Richtung anzeigen und helfen.

DER PERFEKTE RÜCKRUF

DER RÜCKRUF IST FÜR MICH DAS WICHTIGSTE SIGNAL, DAS MAN SEINEM HUND BEIBRINGEN MUSS. GANZ GROB KÖNNTE MAN SAGEN, DASS FAST ALLE PROBLEME GELÖST WÄREN, KÖNNTE MAN SEINEN HUND ZU 100 PROZENT ABRUFEN.

Dann wäre es egal, wenn er pöbeln würde, dann wäre es egal, dass er eigentlich lieber jagen würde, dann wäre es egal, dass er alles Verbotene fressen würde und so weiter. Natürlich ist es Quatsch, dass dieses eine Signal die Lösung für alles ist. Aber es ist einfach das Wichtigste. Es ist eine Notbremse, es gibt so viel Freiheit für beide Seiten – Mensch und Hund.

WAS ICH UNTER EINEM ABRUFBAREN HUND VERSTEHE

Für mich ist ein gut abrufbarer Hund einer, der seine aktuelle Aktion sofort abbricht und auf direktem Weg zu mir kommt. Dabei spielt es keine Rolle, ob er gerade in einem spannenden Rennspiel ist, sich auf eine Prügelei einlässt, in den Wald stürmt oder einem Hasen hinterherjagt. Auch wenn er nur einem Ball hinterherschaut: **Ein gut trainierter Rückruf lässt den Hund in jedem Fall sofort zu dir zurückkommen.**

CARLINO: DER RÜCKRUF

Meine beiden Jungs sind und waren wirklich unfassbar gut rückrufbar. Mein Boxer Carlino hat sehr gerne gespielt und ist mit anderen Hunden viel gerannt. In einem Urlaub in Holland rannte mein Hund mit 50 anderen Hunden am Strand. Doch plötzlich kippte die Situation und mir war nicht wohl dabei. Sofort pfiff ich mit meinen Fingern Carlino zurück, damit er weder mitmischen, noch zuschauen konnte. Er kam angerannt und drei Frauen, die neben mir standen, waren sehr beeindruckt. Sie fragten mich, ob das so eine Cesar-Millan-Nummer gewesen sei? Ich fütterte gerade meinen Hund mit Garnelen, die ich übrig hatte, und antwortete: *„Nein, das war eine Rütter-Nummer"*. Die Mädels lachten: *„Ach so, der mit den Leckerchen…"*

Ich habe meinen Hund dann extra nochmals ins Getümmel geschickt und gewartet, bis er richtig viel zu tun hatte. Dann pfiff ich erneut, steckte ihm nacheinander zehn Garnelen ins Maul und sagte zu ihm: *„Ich bin so glücklich und stolz auf dich, dass du 50 Hunde stehen lässt, sofort zu mir kommst und dich als Rüde nicht prügelst."*

Warum kommt dein Hund nicht zu dir?

Auch das Thema Rückruf ist nicht nur symptomatisch zu trainieren, auch hier musst du darauf achten, dass die Ursache des Nichthörens geklärt ist. Also, aus welchem Grund hat denn dein Hund mal wieder kein Ohr für dich oder ist nicht ansprechbar?

Du wirst an vielen Stellen im Alltag feststellen, dass du die Aufmerksamkeit deines Hundes suchst, er aber extern orientiert ist.

1

GRÜNDE FÜR DAS NICHTKOMMEN

Dein Hund ist zu sehr mit territorialen, jagdlichen, sexuellen oder sozialen Aufgaben beschäftigt.

Er findet seine Umgebung spannender als dich.

Ihr habt noch kein gemeinsames Hobby gefunden, das euch verbindet.
Dein Hund hat zu wenig Sozialkontakte, sodass er sich an jeden Strohhalm klammert, wenn er einen anderen Hund sieht.

Du redest im Alltag zu viel mit deinem Hund, wodurch deine Ansprache an Bedeutung verliert.

Du hast das Rückrufsignal in der Vergangenheit zu oft „in die Walachei" geschrien, sodass es an Bedeutung eingebüßt hat.

Die Belohnung war zu unattraktiv – vielleicht gab es nur einen trockenen Keks, der von dem Trockenfutter, das es später im Napf gab, nicht zu unterscheiden war.

Die gestellten Aufgaben waren möglicherweise viel zu schwer für deinen Hund.

Was macht dein Hund stattdessen, anstatt zu dir zu kommen, wenn du ihn rufst? Ist er mehr mit dem Territorium beschäftigt, pinkelt er lieber als zu dir zu schauen, jagt er nach Mäusen oder guckt er, ob ein anderer Hund in der Nähe ist? Ist dein Hund einfach viel zu gestresst und/oder ängstlich oder hat er einfach auch mal in seinen Augen eine Pause verdient, weil du ihn den ganzen Tag im Alltag vollquatschst? Auch das ist natürlich möglich.
Kennst du die Motivationen deines Hundes und was ihn höchstwahrscheinlich in wichtigen Fällen davon abhält, sich an dir zu orientieren oder auch deinen Signalen Folge zu leisten, dann weißt du natürlich auch, was du ursächlich zu Hause in puncto Alltagsstrukturen erst einmal verändern musst, bevor du an das klassische Rückruftraining gehst.
Wie bei allen Grundsignalen müssen wir immer die Ursache finden, warum der Hund nicht hört, und diese parallel oder im Vorfeld angehen. Du hast jedoch bereits alle Werkzeuge an der Hand, um das Problem zu lösen.

1 Solange dein Hund noch andere Dinge im Kopf hat und kein Ohr für dich, pfeife nicht in die Pfeife.

2 Locke ihn mit Rückwärtslaufen und wenn er tut, was du gerne hättest, dann pfeife.

2

WIE LERNT EIN HUND?

Ein Hund lernt ein Signal in dem Moment, in dem er etwas tut. Kommt dein Hund auf dich zugerannt und du gibst in diesem Moment das Signal „Hiiier" oder den Signalpfiff, verknüpft er das Signal mit seinem Verhalten. Du gibst sozusagen der Verhaltensweise deines Hundes einen Namen bzw. einen Ton.

Stell dir vor, du bist im Ausland und immer, wenn du trinkst, hörst du das Wort „Trinken". Aber auch, wenn du ein Glas einschenkst, hörst du „Trinken", du trinkst und hörst „Trinken", du nimmst dir eine Flasche aus dem Kühlschrank und hörst „Trinken". Dann weißt du nie so wirklich, was das Wort „Trinken" bedeutet, weil es nicht sauber verknüpft wurde.

Demnach ist es auch so wichtig, dass du vor allen Dingen zu Beginn des Trainings, also im Aufbau der Vokabel – es ist ja nichts anderes als eine Sprache lernen – zum richtigen Zeitpunkt die Vokabel setzt. Sie muss zum Verhalten passen, das du benennen möchtest. Also locke deinen Hund und immer, wenn er auf dich zugerannt kommt, gibst du ihm das Signal „Hiiier" oder den Pfiff. Merke dir einfach im Kopf den Satz: *„Lieber Hund, das, was du gerade tust, heißt übrigens ‚Hiiiiiier.'"*

Umgekehrt ist es mehr als logisch, dass dein Hund das Signal „Hiiier" mit Pinkeln, Schnüffeln etc. verbindet, wenn du ihn gerade in diesem Moment damit rufst. Hat er das Wort noch nicht mit dem richtigen Verhalten verknüpft, dann bedeutet für ihn in diesem Fall „Hiiier", dass er jetzt Pinkeln gehen soll.

Ein weiteres Beispiel ist das leidige Anspringen. Auch hier rufen die Menschen häufig *„Nicht springen!"*. Und was lernt der Hund? *„Oh ja, ich soll springen!"*

Fehler vermeiden

Das Allerwichtigste ist, dass du beim Aufbau des Signals „Hiiier“ oder „Pfiff“ keine Fehler machst. Also keinen einzigen Pfiff, kein einziges „Hiiier“ einfach mal so ins Leere laufen lässt, um zu testen, ob dein Hund hört. Schaffe in den ersten zehn Tagen absolut sichere Situationen. Vielleicht rennst du sogar selbst weg, sodass dein Hund einfach hinter dir herrennen muss. Ein zweiter Hund wird gerufen oder irgendetwas, sodass dein Hund auf jeden Fall auf dich zugerannt kommt. Kommt dein Hund nach ca. 14 Tagen jedes Mal, wenn du ihn rufst oder pfeifst, auf dich zugerannt und landet bei dir, dann hast du das Signal mit dem Verhalten verknüpft.
Der Rückruf ist unumstritten das allerwichtigste Signal, das du deinem Hund beibringen kannst. Es ist entscheidend, dass dein Hund, sobald er deinen Rückruf hört, sofort auf den Pfoten kehrtmacht und wirklich alles stehen und liegen lässt. Ich habe mittlerweile wirklich hohe Ansprüche an den Rückruf und möchte, dass meine Hunde, und auch deine, ohne Zögern zurückkommen. Das Schöne daran: Es funktioniert! Das weniger Schöne: Du darfst keinen einzigen Rückruf verkacken.
Aber auch das ist machbar, wenn du dich an bestimmte Regeln hältst und dir vorher gut überlegst, wann du den Pfiff setzt oder „Hiiier“ rufst. Im Übrigen meine ich das ganz ernst mit den vielen „i’s“. Ruf es mal laut für dich! Je mehr „i’s“, desto lauter kannst du das Signal geben – das ist vor allem hilfreich an Orten wie z. B. am Strand der Nordsee.

Die Futtertube kann lange lange belohnen und Ruhe hineinbringen.

DAS BRAUCHST DU FÜR DEN RÜCKRUF

– Richtig gute Leckerlis: Nimm bitte keinen normalen Keks oder irgendein Stück Trockenfutter, das dein Hund sowieso bekommt. Nimm auch kein Spielzeug zur Belohnung, das dein Hund sowieso ständig zur freien Verfügung hat. Der Pfiff ist eine besondere Leistung, die du von deinem Hund erwartest, denn er soll wirklich alles in Zukunft abrupt abbrechen und sofort zu dir kommen – dafür darfst du wirklich etwas springen lassen. Eine super Belohnung ist z. B. Nassfutter, Käse, Leberwurst oder Ähnliches. Du kannst auch Futtertuben mit Quark und Banane mitnehmen. Hauptsache, dein Hund weiß: Wenn gepfiffen wird oder das Wort „Hiiier“ ertönt, dann gibt es ein supergeiles Leckerli. An dieser Stelle keine Kompromisse. Es kann von Tag zu Tag variieren und somit Abwechslung bringen. Wichtig

Vorsitzen dient vor allen Dingen der klaren Regel, nicht sofort wieder loszulaufen.

ist nur, dass es für deinen Hund das absolute Highlight ist!

– Geschirr und Schleppleine
– Hundepfeife: am besten eine ACME-Pfeife (z. B. Nummer 11,5), die du bitte ab heute nie wieder verlierst. Falls das doch passieren sollte, kannst du die Pfeife mit demselben Ton nachkaufen.

TRAININGSAUFBAU

1. Locke deinen Hund: Laufe rückwärts, gib Kussgeräusche von dir oder klatsche in die Hände, um seine Aufmerksamkeit zu bekommen.
2. Rückruf setzen: In dem Moment, in dem dein Hund wirklich zu dir kommt (falls nötig, kannst du ihn mit der Schleppleine zu dir holen; sollte das nötig sein, ist die Umgebung aber wahrscheinlich zu schwer), setzt du den Pfiff oder rufst „Hiiier", kurz bevor er bei dir ist.
3. Belohnen: Sobald er bei dir ist, gib ihm das super Leckerli.
4. Freigabe: Schicke deinen Hund mit dem Signal „Lauf" wieder los.

Es darf kein einziges Signal versehentlich gesetzt werden. Jeder Pfiff muss ganz gezielt und bewusst erfolgen.

Der Vorsitz

Möchtest du, dass sich dein Hund vor dich hinsetzt, dann halte ihm das Leckerli direkt vor die Nase und ziehe es langsam von deinem Bauch bis hinauf zu deinem Dekolleté, als ob du einen Reißverschluss zuziehst. Dein Hund wird sich automatisch setzen, ohne dass du „Sitz" sagen musst. Würdest du in diesem Moment „Sitz" sagen, dann belohnst du dieses Signal, also das Sitzen. Du möchtest aber den Rückruf belohnen.
Wichtig ist, dass der ganze Prozess des Zurückkommens und Sich-Hinsetzens unter dem Rückrufsignal zusammengefasst wird – es ist eine Verhaltenskette, die du benennst. Ähnlich wie beim Apportieren: Das Wort „Apport" bedeutet, dass dein Hund etwas bringt. Du sagst ja auch nicht: *„Lauf hin, nimm es, dreh dich um, komm auf mich zu, lass es fallen."* Dennoch gibt es viele Menschen, die genau das tun.

EIN SICHERES RÜCKRUFSIGNAL, DAS KONSEQUENT GEÜBT WIRD, GIBT DIR UND DEINEM HUND DIE FREIHEIT UND SICHERHEIT, DIE IHR BEIDE VERDIENT.

Die richtigen Trainingszonen

Am Anfang trainierst du in einfachen Umgebungen. Setze dir das Ziel, pro Spaziergang etwa 20 Mal zu pfeifen. Wichtig ist, dass du immer zuerst den Namen deines Hundes sagst oder ihn anderweitig lockst. Hast du das Gefühl, dass du mit minimalem Aufwand die Aufmerksamkeit deines Hundes gewinnen kannst – also wenn vorher noch „Bello, Bello, Bello" nötig war und nun ein einfaches „Be …" reicht – dann weißt du, dass du dich trauen kannst, einen Testpfiff zu setzen. Wenn das klappt, kannst du die Situation etwas schwieriger gestalten. Gehe in ein Gebiet, in dem es mehr Ablenkungen gibt, etwa auf eine Wiese, auf der dein Hund viel mehr schnüffelt als auf einer bekannten Wiese. Auch hier gilt: Locke deinen Hund zuerst! Setze den Pfiff oder dein „Hiiier" nur dann, wenn du dir zu 100 Prozent sicher bist, dass es klappt.

ÜBST DU NOCH ODER BENUTZT DU SCHON?

Im Aufbauprozess musst du deinen Hund immer erst locken, bevor du den Pfiff setzt (das ist das **Üben**). Hast du aber das Gefühl, dass du den Pfiff bereits nutzen kannst, darfst du ihn auch vorher setzen (das ist das **Benutzen**).
Auf ein und derselben Wiese kann dein Training zwischen Üben und Benutzen variieren. Schaut dein Hund dich aufmerksam an, kannst du ihn wahrscheinlich bereits direkt pfeifen. Schnüffelt er jedoch intensiv, musst du eventuell noch weiter üben.

Stell dir vor, du würdest 1 000 Euro darauf wetten, dass dein Hund auf dich zukommt. Wenn du sicher bist, dann nimmst du die Wette an und pfeifst oder rufst ihn. Wenn du dir nicht sicher bist, dann pfeifst oder rufst du nicht, sonst verlierst du 1 000 Euro.

Der Rückruf muss ohne Wenn und Aber sitzen, damit du auch entspannt sein kannst, wenn du deinen Hund laufen lässt. Die Schleppleine ist ein

Den Rückruf kann man wirklich in jeder Situation, auch an kurzer Leine, trainieren.

nützliches Tool, um deinem Hund während der Trainingseinheiten Freiraum zu gewähren und trotzdem sicherzustellen, dass du ihn kontrollieren kannst.

ERDE AN BELLO? EINFACH MAL GEHEN!

Wir benötigen in unserem Alltag, vor allen Dingen als Stadtkinder, zuverlässig rückrufbare Hunde. Es ist unabdingbar, dass unsere Hunde nicht lange überlegen, ob sie wirklich kommen möchten oder ob nicht noch irgendetwas Spannendes in der Umwelt zu erkunden ist, bevor sie sich auf dem Absatz umdrehen und kommen. In dieser Zeit könnte schon ein Rennrad in deinen Hund reinfahren oder aber dein Hund erschreckt gerade ein Kind oder der Waldweg hat ein Ende, und gleich kommt die Straße. Eigentlich sollten wir unsere Hunde einfach mal stehen lassen und gehen.

Stell dir vor, du bist ein kleines Kind, sitzt auf einer Schaukel und hast den Spaß deines Lebens. Deine Mama möchte aber gehen und das Mittagessen vorbereiten. Sie bittet dich also, von der Schaukel zu kommen. Du willst aber noch nicht und schaukelst freudig weiter. Deine Mutter wird etwas lauter, da ihr endlich gehen müsst. Dir ist aber bewusst, dass deine Mutter nie ohne dich gehen würde und schaukelst weiter. Doch genau das tut sie – sie verlässt den Spielplatz und ist plötzlich nicht mehr zu sehen. Ich bin mir sicher, spätestens jetzt hüpfst du von der Schaukel und rennst deiner Mama hinterher, weil du nicht alleingelassen werden möchtest.

Das ist jetzt kein Aufruf, deinen Hund stehen zu lassen. Wir müssen Verantwortung für ihn übernehmen und natürlich können wir einen jagdlich ambitionierten Hund nicht im Wald allein lassen. Auch können wir einen sozial aggressiven Hund nicht einfach im Park stehen lassen. Doch sollte dich dein Hund mal wieder völlig ignorieren, kannst du dich wegdrehen, deine „Beine in die Hand nehmen" und ein Stück davonrennen. Ich weiß noch heute, wie sich das anfühlte, als ich meine Mutter im Kaufhaus verloren habe und mir Fremde geholfen haben, sie wiederzufinden. Sie stand nur 5 Meter entfernt an einem Kleiderständer!

CARLINO

UND DIE REAKTION AUS DEM BAUCH HERAUS

Es gab eine Phase, da war Carlino sehr fordernd mir gegenüber. Ich vergesse nie den Tag, als er im Park um mich herumgesprungen ist und mich ständig angebellt hat. Ich war sowieso schon schlecht gelaunt, konnte dieses Verhalten nicht stoppen und zweifelte an mir und meiner Kompetenz, Hunde zu führen. Auch ignorieren half nichts, Carlino machte einfach weiter. Ich wurde wütend und stampfte auf, Carlino bellte weiter.

Ich war außer mir, drehte mich um und stapfte zum Auto zurück.

Die Gegend war zum Glück wenig frequentiert, keine Menschen, Tiere und es gab auch keine befahrenen Straßen. Nach ungefähr 20 Metern machte Carlino Anstalten, mir zu folgen. Er wurde auch schneller und holte auf. Als er ca. 5 Meter hinter mir war, drehte ich mich um und sagte so etwas wie *„Geh weg, ich habe so die Nase voll"*. Das war kein gutes Gefühl, aber ich hatte keinen Nerv mehr für diesen Hund.

Mein Hund blieb stehen und schaute mich verunsichert an. Zum ersten Mal hatte er seine Rute unten und seine Ohren hingen schlaff herunter. Ich ging weiter zum Auto und er gab Gas, mir zu folgen. Dann ließ ich ihn wortlos ins Auto einsteigen und wir fuhren nach Hause. Von diesem Tag an hat er mich nie wieder angebellt. Nie wieder.

Mein Verhalten war nicht nett und auch nicht durchdacht, es kam einfach aus meinem Bauch heraus. Natürlich muss man aufpassen, was und wie man es tut. Aber auch wir sind nur Menschen und unsere Hunde können uns sehr gut lesen und wissen, wann wir es ernst meinen.

Und zu der Empfehlung von Hundetrainerinnen und Hundetrainern, einfach mal sauer zu sein: Wenn man nicht sauer ist, ist man nicht sauer. Punkt.

GRENZEN SETZEN

NATÜRLICH IST ES IN ORDNUNG UND AUCH ANGEBRACHT, BEI RESPEKTLOSEM VERHALTEN GRENZEN AUFZUZEIGEN UND DIESES NICHT ZU DULDEN. DAS IST SOGAR FÜR EIN ZUSAMMENLEBEN SEHR WICHTIG.

Wichtig ist aber, dass man klar und verständlich kommuniziert, sofort handelt und auch immer gleich. Der Hund versteht nicht, warum er seinen Menschen in Hundekleidung anspringen darf, dies aber bei der weißen Hose nicht erlaubt ist. Hier müssen wir konsequent bleiben, damit der Hund uns verstehen kann. Aber Grenzen sind sehr wichtig und werden auch unter Hunden gesetzt. Springt der Welpe auf den Rücken eines Althundes und bereitet diesem Schmerzen, wird sofort reagiert und der Althund sagt deutlich, dass er dies nicht duldet. Genauso sollten wir es tun, wenn unser Hund uns unser Essen aus der Hand klauen möchte oder unser Kind einfach umrennt.

SIGNALE MÜSSEN VERSTANDEN WERDEN

Habe ich jedoch einen Trick nur halbherzig trainiert, und damit meine ich „Sitz“, „Platz“, „Fuß“ usw., ist es nicht fair, den Hund zu maßregeln, wenn er es nicht wie gewünscht ausführt. Ich muss prüfen, ob er das Signal überhaupt schon verstanden hat und wenn ja, ob er es auch schon in allen Situationen ausführen kann. Das geht nur mit Training – man muss immer wiederholen, wiederholen und nochmals wiederholen.

Mit einem Fuß auf der Leine zu stehen, kann in brenzligen Situation sehr hilfreich sein. Dein Hund muss aber stehen und sitzen können.

Stell dir vor, du lernst am Küchentisch Vokabeln und deine Mutter fragt dich ab. Es läuft gut, du weißt alles und bist ganz stolz auf dich. Auch deine Mutter ist zufrieden. Dann kommst du in die Prüfung, bist aufgeregt, stehst unter Druck und plötzlich fällt es dir gar nicht mehr so leicht. Du musst viel mehr überlegen und brauchst länger.

Menschen neigen sehr schnell dazu, den Hund hinten ins Sitz zu drücken, als vorne Bescheid zu sagen, was man eigentlich von seinem Hund möchte. Das bedeutet allerdings nicht, dass ich niemals meckern darf, wenn mein Hund ein Signal nicht ausführt. Kann ich davon ausgehen, dass du ein Jahr lang alle Aspekte wie Belohnung, Situationen und gutes Timing im Rückruf-Training beachtet hast und dein Hund findet es spannender, an der Pipi-Stelle zu riechen, als auf deinen Pfiff zu hören, dann darfst du auch mal deinen Emotionen freien Lauf lassen! Natürlich immer angemessen und angepasst an deinen Hund und die Situation. Und du solltest dir auch 100 Prozent sicher sein, dass dein Hund genau weiß, worum es geht.

REAKTION BEI DISTANZLOSIGKEIT

Wie reagierst du aber, wenn dein Hund dich mit voller Wucht anspringt, dich mit Matsch beschmiert und deine Beine zerkratzt? Häufig wird empfohlen, dass man das Verhalten ignorieren und sich einfach wegdrehen soll. Mal davon abgesehen, dass Wegdrehen keine Ignoranz, sondern eine klare Reaktion ist, wirst du damit bei vielen Hunden keinen Erfolg haben.

1 Wenn du hinten draufdrücken musst, hast du einfach noch nicht sauber genug trainiert.

2 Besser vorne mehr Motivation als hinten draufzudrücken.

1

2

Zeige ihm klar, dass du dieses Verhalten nicht möchtest und schupse ihn runter oder gehe einen Schritt auf ihn zu. Noch besser ist, du handelst, bevor er dich anspringt. Beuge dich vor, fixiere ihn und gehe einen Schritt auf ihn zu. Dabei solltest du folgenden Satz im Kopf haben: *„Nein, so gehst du mit mir und meinem Körper nicht um."* Dulde von Anfang an keine körperliche Distanzlosigkeit – auch bei einem süßen Welpen nicht!

Den Schnauzgriff können wir mit einer schnellen Handbewegung imitieren, vorausgesetzt, wir können es uns leisten!

WAS MACHT ES MIT DER BEZIEHUNG?

Menschen reagieren sehr verschieden, gerade auch in Bezug auf Grenzen setzen. Viele Hundehaltende haben Angst, durch Maßregelungen die Beziehung zu ihrem Hund zu zerstören. Sie fürchten, dass ihr Hund sie dann nicht mehr liebt.

An dieser Stelle möchte ich nochmals betonen, dass ich hier nicht zu ständigen Maßregelungen aufrufe. Es hängt auch entscheidend von der Hundepersönlichkeit ab, wie häufig der Hund Grenzen überschreitet und seinen Menschen nicht ernst nimmt.

Was ich aber erklären möchte, ist, wie wertvoll es ist, wenn dein Hund in solchen Situationen lernt, dass du es ernst meinst und dich auch durchsetzen kannst. Wie soll er dir folgen, seine Sicherheit in deine Hände legen, wenn du dich ständig wie ein Fähnchen im Wind drehst? Wenn er mit dir alles machen kann, was er will, warum sollte er dann der Überzeugung sein, dass du euch in der dunklen Gasse in Köln-Ehrenfeld vor einem angetrunkenen Teenie schützen kannst? Wäre es verwunderlich, wenn er die Situation nicht lieber selbst in die Pfote nehmen möchte?

Besser ist, er hat folgenden Satz im Hinterkopf: *„Leg dich nicht mit meinem Frauchen an – die hab ich selbst mal kennengelernt! Und das Gute ist: Sie spielt in meinem Team!"*

Es ist wichtig, klare Grenzen in der Hundeerziehung zu setzen und respektloses Verhalten nicht zu dulden. Hunde sollten nur für Verhaltensweisen gemaßregelt werden, die sie verstehen und gelernt haben, wobei regelmäßiges Training unerlässlich ist. Kommunikation und klare Signale sind entscheidend, um Missverständnisse zu vermeiden. Auch wenn es manchmal erlaubt ist, dem Hund gegenüber Emotionen zu zeigen, sollte dies nur geschehen, wenn der Hund die Situation vollständig versteht. Die Fähigkeit, Grenzen zu setzen und sie zu wahren, ist nicht nur für das Wohl des Hundes wichtig, sondern stärkt auch das Vertrauen und die Sicherheit in der Mensch-Hund-Beziehung.

ZUSAMMENFASSUNG

1. **Ursachenforschung und Verantwortung**
- Es ist einfach, etwas abzulehnen, das uns nicht passt oder uns unangenehm ist.
- Oft schieben wir die Schuld anderen zu, anstatt die Ursachen zu erforschen.
- Das Erforschen der Ursachen ist anstrengend, aber notwendig.

2. **Eigene Grenzen aufzeigen**
- Es ist wichtig, eigene Grenzen zu setzen und respektloses Verhalten nicht zu dulden.
- Konsequenz ist dabei entscheidend: Regeln sollten klar und konstant sein.
- Unfair wird es, wenn der Hund nicht weiß, was erlaubt ist und keine alternativen Verhaltensweisen kennt.

3. **Fairness und Training**
- Es ist nachvollziehbar, dass ein Hund kein Essen aus der Hand klauen soll oder niemanden anspringen darf.
- Hunde sollten im Training nur gemaßregelt werden, wenn sie das Verhalten kennen und verstehen.
- Training erfordert Wiederholung und Geduld, ähnlich wie das Lernen von Vokabeln bei Kindern.

4. **Kommunikation und Konsequenzen**
- Anstatt den Hund physisch zu manipulieren, sollte klar kommuniziert werden, was erwartet wird.
- Beziehung, Motivation und Situation spielen eine große Rolle in der Hundeerziehung.
- Bei unerwünschtem Verhalten (z. B. Anspringen) kann man den Hund wegschieben oder klar zeigen, dass das Verhalten unerwünscht ist.

5. **Natürliches Hundeverhalten und Toleranz**
- Körperliche Distanzlosigkeit und Futterklau sind aus Hundesicht natürlich. Solche Verhaltensweisen sollten aber nicht toleriert werden.
- Verhaltensweisen, die auf erlernten Tricks basieren, sollten durch Training und nicht durch Strafe korrigiert werden.

6. **Emotionen und Grenzen setzen**
- Es ist erlaubt, den Hund zu maßregeln, wenn er ein Signal ignoriert, vorausgesetzt, er versteht es vollständig.
- Menschen haben unterschiedliche Ansichten über das Setzen von Grenzen und deren Auswirkungen auf die Beziehung.
- Es ist wertvoll, dem Hund zu zeigen, dass man sich wehren kann, um seine Rolle als verantwortlicher Sozialpartner zu stärken.

7. **Vertrauen und Schutz**
- Ein Hund sollte Vertrauen in seine Bezugsperson haben und nicht das Gefühl, immer eingreifen zu müssen.
- Eine klare Führung kann dem Hund helfen, sich sicherer zu fühlen und weniger in schwierige Situationen einzugreifen.

CAMO

UNSER WEG ZU VERTRAUEN UND SICHERHEIT

Camo hatte in den ersten Monaten in der Stadt große Angst. Besonders schlimm wurde es, wenn Motorräder laut knatternd neben ihm vorbeirasten, oder bei plötzlichen Knallgeräuschen. Die Geräusche der Stadt, die für uns alltäglich sind, bedeuteten für ihn eine immense Bedrohung. Auch zur Weihnachtszeit, wenn beleuchtete Tannenbäume auf den Plätzen standen und kleine Karussells aufgebaut waren, war es für ihn kaum auszuhalten. Er zog die Ohren zurück, klemmte den Schwanz ein und hatte weit aufgerissene Augen. Selbst Leckerlis konnte er nicht annehmen. Diese Panik machte es schwierig, ihn an das städtische Leben zu gewöhnen.

Es war mir wichtig, dass er sich an die verschiedenen Situationen und Geräusche gewöhnte. Wenn er sich unwohl fühlte, stellte ich mich schützend vor ihn, um ihm Sicherheit zu geben. Diese kleine Geste zeigte ihm, dass er sich auf mich verlassen konnte. Zwischendurch bot ich ihm Leckerlis an, um zu sehen, ob er sich beruhigt hatte. Doch meistens lehnte er sie ab, was ein Zeichen dafür war, dass seine Angst noch zu groß war. Interessanterweise ließ er sich jedoch manchmal auf das Spiel mit dem Futterbeutel ein, wenn auch nur kurz. Dieses Spiel war ein kleiner Lichtblick, ein Zeichen dafür, dass er sich langsam entspannte. Doch es war ein langer Weg, bis er sich in der Stadt wirklich wohlfühlte.

Wochen- und monatelang nahm ich ihn überall hin mit, wo es möglich war. Ich sorgte stets dafür, dass er in geschützten Ecken liegen und sich alles aus sicherer Entfernung ansehen konnte. Diese ruhigen Momente halfen ihm, die Umgebung zu beobachten und sich an die neuen Eindrücke zu gewöhnen. Mit der Zeit wurde er immer entspannter. Ich erinnere mich an einen besonderen Moment, als er zum ersten Mal freiwillig ein Leckerli annahm, während wir in einer belebten Straße standen. Es war ein kleiner, aber bedeutender Erfolg.

Irgendwann begann er, Leckerlis zu nehmen, und heute apportiert er sogar auf der Domplatte. Dieser Fortschritt war das Ergebnis von viel Geduld und kontinuierlichem Training. Oft werde ich gefragt, wie ich es geschafft habe, dass Camo so ein cooler Hund geworden ist. Die Antwort ist einfach: **Geduld, Vertrauen** und **Konstanz**. Gerade habe ich mir nach Feierabend ein Eis am Kiosk geholt und ihn auf eine kurze Runde mitgenommen. Es freut mich immer wieder, zu sehen, wie entspannt er inzwischen mitgeht, obwohl er anfangs große Schwierigkeiten hatte, mich zu diesem Kiosk zu begleiten. Wir leben in einer ruhigen Gegend, die im Vergleich zur Innenstadt deutlich weniger Reize bietet, und dennoch war der Anfang schwer für ihn.

Damals kannte er das Stadtleben nicht und vertraute mir noch nicht. Er war überfordert von den vielen neuen Eindrücken und Geräuschen. Jetzt weiß er, dass er sich auf mich verlassen kann. Dieses Vertrauen hat sich im Laufe der Zeit entwickelt, durch viele kleine positive Erlebnisse. Viele Dinge ändern sich im Zusammenleben, wenn man sich wie jemand verhält, dem man vertrauen kann. Camo hat gelernt, dass ich immer für ihn da bin, dass ich ihn beschütze und dass er sich auf mich verlassen kann. Dieses Vertrauen ist das Fundament unserer Beziehung.

Heute ist Camo nicht mehr der ängstliche Hund von damals. Er begleitet mich überall hin, ob in belebte Einkaufsstraßen oder auf ruhige Spaziergänge im Park. Er hat gelernt, mit den verschiedenen Reizen umzugehen und vertraut darauf, dass ich ihn sicher durch jede Situation führe. Es erfüllt mich mit Stolz und Freude, zu sehen, wie er sich entwickelt hat und unsere Beziehung gewachsen ist. Dieses Kapitel in unserem Leben zeigt, wie wichtig Geduld und Vertrauen sind, und wie sich mit der Zeit alles zum Besseren wenden kann.

Wie eine Löwenmama habe ich ihm den Weg geebnet. Durch ganz KÖLLE!

ABSCHALTTRAINING

NACH ALL DEM TRAINING UND ALLEN TO DO'S FÜR DICH UND DEINEN HUND, HABE ICH JETZT NOCH EINE WEITERE AUFGABE: EINFACH MAL NICHTS TUN!

Ein sehr effektives Training! Ich weiß nicht, wie viele Gruppenstunden ich beobachtet habe, in denen beim Agility-Training die Hunde permanent nur bellen, weil sie gerade nicht an der Reihe sind. Viele Hunde können keine einzige Sekunde damit umgehen, dass gerade mal nichts passiert oder ihnen nicht sofort Aufmerksamkeit geschenkt wird.
Setz dich mal (vielleicht sogar am besten mit deinem ausgepowerten Hund) an einen belebten Ort. Achte darauf, dass dein Hund nicht bedrängt wird oder irgendjemand auf seine Rute tritt etc.

MACH EINFACH MAL GAR NICHTS

Du hast deinen Hund am besten an einer ein Meter langen Leine, und es ist egal, ob er stehen, sitzen oder liegen möchte. Du wartest einfach ab. Nimm dir eine Decke mit und lass deinen Hund zu Beginn des Abschalttrainings gerne etwas kauen. Für viele Hunde ist es nämlich gar nicht so einfach, sich in belebterer Umgebung hinzulegen und zu entspannen. Möglicherweise ist dein Hund noch viel zu sehr mit der Umwelt beschäftigt, sodass er schauen will, ob nicht irgendein Rüde über den Marktplatz läuft oder sogar zu nah an die Bank kommt, auf der ihr gerade sitzt, oder dein Hund hat vielleicht auch Angst vor bestimmten Geräuschen oder ist einfach ab einer bestimmten Menschenmenge gestresst. Hier ist wichtig, dass du genau darauf achtest, welches Pensum du deinem Hund zumuten kannst. Wenn dein Hund permanent hechelt, sogar zittert oder seine Augen aufgerissen sind, dann bist du definitiv ein paar Schritte zu weit gegangen. Wähle entweder einen größeren Abstand zum belebten Marktplatz oder beginne erst einmal in der Nähe eines ruhigen Parks.

Was passiert dann eigentlich?

Wenn der Ort für dich und deinen Hund passt, wartest du so lange, bis dein Hund sich entspannt. Er muss

1

nicht schlafen, aber die Rute sollte hängen. Vielleicht kommt ein Seufzer oder auch ein Kopfablegen ... du kennst deinen Hund am besten.
Dein Hund entspannt hoffentlich beim Wahrnehmen aller Reize um ihn herum. Es ist faszinierend zu beobachten, wie er die Geräusche, Gerüche und Bewegungen in seiner Umgebung aufnimmt. Doch Achtung: Überfordere ihn nicht! Sind die Eindrücke zu stark, kann es schnell zu Flooding, also Reizüberflutung kommen. In solchen Momenten lernt dein Hund gar nichts, sondern zieht sich zurück oder reagiert gestresst. Befindet sich der Hund in der Reizüberflutung, kann man auch schnell den Eindruck bekommen, dass er sich endlich entspannt. Aber fälschlicherweise ist das keine Entspannung, sondern im schlimmsten Fall hat der Organismus einfach zugemacht, der Hund fällt in eine Art Hilflosigkeit und lernt nichts mehr.

Ziel des Abschalttrainings

Das Ziel ist, ihm zu zeigen, dass er in diesen Situationen ruhig bleiben kann. Das Abschalttraining hilft ihm, zu lernen, mit der Umwelt umzugehen, ohne überfordert zu werden. Es ist eine wichtige Lektion in Geduld und Achtsamkeit, die sich nicht nur für deinen Hund, sondern auch für dich als wertvoll erweisen kann. Also, nimm dir die Zeit – du wirst überrascht sein, wie viel Kraft im Innehalten steckt.

2

1 Hundetraining findet nicht auf irgendwelchen Hundeplätzen statt, sondern mitten in der Stadt ... mit Freunden und Hunde-Kumpels.

2 Nutze die Stadt als deinen Trainingsplatz. Gehe aktiv in eine Eisdiele, um dort Signale zu üben.

CARLINO
– EIN HUND MUSS RUHE LERNEN

Carlino war ein Hund, der innerhalb von zwei Sekunden von 0 auf 100 war. Rassebedingt nicht ganz untypisch für einen Boxer aus der Arbeitslinie. Sein Nervenkostüm war sehr dünn und er war unfassbar reizempfindlich. Bereits eine hohe Frauenstimme ließ seinen ganzen Körper vibrieren. Diese Frauen liebte er und sie liefen nur für ihn auf der Straße herum. Bei jeder piepsigen Stimme wedelte der ganze Hund.

Mein Augenmerk lag also auf Impulskontrolle und Abschalttraining. Für die Impulskontrolle trainierte ich das Signal „Bleib", um meinen Hund bei mir zu halten. Beim Abschalttraining geht es darum, einfach mal gar nichts zu machen.

Jetzt fuhr ich aber ja jeden Tag auf einen Parkplatz, um dort mit meinem Hund spazieren zu gehen. Kaum fuhr ich auf den Parkplatz, ging im Kofferraum das Gesinge oder besser gesagt Geschreie los. Ich kann gar nicht beschreiben, wie das war – es war einfach nur grausam. Es zerrte an meinen Nerven und ich schrie ihn an, dass er endlich mal leise sein solle. Alles half nichts, es war ein bisschen wie im Film „Fack ju Göhte", wenn man zu Chantal sagt, sie solle bitte leise heulen. Ich hab richtig gemerkt, dass Carlino nicht aufhören konnte. Es ging einfach nicht, er war zu erregt. Das war zu Beginn meines Martin Rütter-Studiums. Ich hatte also sowieso 1800 Seiten Handbuch zu lesen und meine erste Hausaufgabe hatte das Thema Abschalttraining. Ich bin also, nachdem ich ihn irgendwo anders ausgepowert hatte, zum berühmt berüchtigten Parkplatz gefahren und habe dort geparkt. Er war schon wieder auf 100, also habe ich den Motor abgestellt und gewartet. In der Zwischenzeit habe ich gelernt.

Eine Stunde und 55 Minuten! Endlich Ruhe!

Als er ruhig war, habe ich ganz unaufgeregt „Prima" gesagt, ihm eine Handvoll Futter nach hinten in den Kofferraum geworfen und bin wieder nach Hause gefahren.
Das habe ich am nächsten Abend wiederholt und den Abend darauf und eine ganze Woche lang ... ich habe die Prüfung übrigens mit Bravour bestanden, konnte die 1800 Seiten schließlich auswendig. Nach ungefähr einer Woche musste ich nur noch zehn Minuten warten, dann war er ruhig.

Doch nun öffnete ich die Autotür und das Theater im Kofferraum ging von vorne los. Also übten wir eine Woche lang „Autotür offen" und ich lernte fleißig weiter! Danach waren wir einen Schritt weiter und ich konnte den Kofferraum öffnen. Ich setzte mich also neben Carlino in den Kofferraum und lernte – in meinen Ohren dröhnte sein „Ständchen". Es war Januar, es war eiskalt, ich war superschlecht gelaunt und saß mit meinem schreienden Hund im Halbdunkel im Kofferraum. Zu dieser Zeit habe ich nicht daran geglaubt, dass ich das schaffe. Aber ich kann nur sagen, es lohnt sich, durchzuhalten.

Als ich dann 2010 meine Hundeschule eröffnet habe, hatte ich noch kein Trainingsgelände. Ich musste also meinen ersten Kundinnen und Kunden sagen, dass ich meinen Hund mitnehmen müsse und wir auch noch unsere Baustellen hätten. Ich habe also quasi meine ersten Gruppenstunden geleitet, dabei kluge Ratschläge gegeben und hatte meinen nicht ganz vorzeigbaren Hund dabei. Rückblickend bin ich allen sehr dankbar, dass sie das mitgemacht haben. An der Trainingswiese angekommen, habe ich Carlino am Geschirr und mit einer kurzen Leine an einem Baum festgebunden und ihm eine Decke hingelegt. Auf dieser konnte er stehen, sitzen und liegen. Ich stand daneben und leitete meine Gruppe. In den ersten Kursen war mein Hund immer der Meinung, dass auch er gemeint wäre, wenn ich meinen Kundinnen und Kunden zugerufen habe, ihre Hunde ins „Sitz“ oder „Platz“ zu bringen. Eigentlich war er ziemlich artig und sehr motiviert. Doch irgendwann in Stunde 3 ist er erschöpft eingepennt. Mit der Zeit hat er verstanden, dass er nicht gemeint ist und hat sich nach 2 bis 3 Minuten auf seine Decke gelegt. Durfte er dann auch mal mit den anderen Hunden rennen, war er die Kanone. Er hat gelernt: Ruhe ist Ruhe und Party ist Party.

CAMO – AUF ÜBERFORDERUNG ACHTEN

Camo habe ich ja zu Coronazeiten auf meine Glühwein-Wanderungen mitgenommen. Beim Schreiben muss ich gerade schmunzeln. Das klingt jetzt so, als hätte ich ein Glühwein-Problem ... Also, ich habe ihn auch im Frühling mit durch die Stadt geschleppt, den Sommer mit ihm am Aachener Weiher auf einer Picknickdecke verbracht und bin mit ihm in der Nähe von Straßen in Cafés gesessen und habe Leute beobachtet. Dabei habe ich immer darauf geachtet, dass Camo abschalten kann. Was aber bei Carlinos Abschalttraining nervig war, war bei Camos tricky. Hier musste ich genau darauf achten, ihn nicht zu überfordern. Sein Kopf sollte zur Ruhe kommen.

HUNDESCHULEN

ICH PERSÖNLICH BIN EIN GROßER BEFÜRWORTER DAVON, HUNDE IN EINEM GESCHÜTZTEN UMFELD MIT GLEICHGESINNTEN UND KOMPETENTEN TRAINERINNEN UND TRAINERN ZU SOZIALISIEREN UND UNTER ABLENKUNG ZU TRAINIEREN.

2

Viele Hundehalter und Hundehalterinnen engagieren sich vorbildlich und nehmen alles mit, was die örtliche Hundeschule zu bieten hat: von der Welpenschule über Junghundtraining bis hin zur Begleithundeprüfung, Agility-Kursen und speziellen Angeboten für ältere Hunde. Andere wiederum sehen die Hundeschule lediglich als letzte Option, wenn sie die Erziehung ihres Hundes alleine nicht bewältigen können.

Die Beziehung zwischen dir und deinem Hund kann durch kleine Anpassungen und gezieltem Training verbessert werden. Es ist wichtig, einen Trainer oder eine Trainerin zu finden,

1

1 Passe den Moment ab, in dem dein Hund nach vorne gehen möchte.

2 Es ist immer einfacher, als Puffer zwischen Reiz und Hund zu sein.

HUNDESCHULEN BIETEN EINE VIELZAHL AN MÖGLICHKEITEN, UND DEIN BAUCHGEFÜHL SOLLTE DIR DABEI HELFEN, DIE RICHTIGE WAHL ZU TREFFEN.

die zu dir und deinem Hund passt und euch beide optimal unterstützt. Hundeschule bedeutet nicht, dass man etwas nicht kann und lernen muss – sie sollte Spaß machen, neue Kontakte ermöglichen und wie ein Hobby einen Mehrwert bieten.

Gemeinsames Training fällt oft leichter, und in schwierigen Phasen im Leben eines Hundes oder Menschen kann der Austausch mit anderen hilfreich sein. Objektive Blicke von außen sind besonders bei Beziehungsthemen wertvoll, denn oft ist man im Umgang mit dem eigenen Hund betriebsblind.

Eine gute Hundeschule blickt über den Tellerrand hinaus. Sie trainiert nicht nur auf einer eingezäunten Wiese, sondern überträgt das Gelernte Schritt für Schritt in den Alltag. Der Hund wird individuell betrachtet und verstanden. Es wird immer nach den Ursachen gefragt, bevor an den Symptomen gearbeitet wird. Jedes Mensch-Hund-Team ist einzigartig, und auch Senioren sollten und müssen nach ihren Vorlieben beschäftigt werden.

SERVICE

DANKE AN ALLE VIERBEINIGEN PROTAGONISTEN

Mino

Mino kommt aus dem kroatischen Tierschutz und ist 2022 bei Laureen eingezogen. Laureen ist nicht nur meine Trainerkollegin und Partnerin in vielen unserer Online-Formate, sondern auch eine richtig gute Freundin geworden, die viele meiner Projekte – und nicht zuletzt dieses Buch, samt Fotos und dem „es überhaupt zu tun" – mitträgt.

Mino hatte zu Beginn ein paar ganz normale Baustellen, zum Beispiel seine Jagdlichkeit. Aber er hat sich zu einem der wunderbarsten Überall-mit-hinnehmen-können-und-wollen-Hunde entwickelt, die man sich vorstellen kann. Ein ehrlicher, toller Charakter – mit Witz und Souveränität.

Mino ist mehr als nur ein Modell in diesem Buch. Er ist Teil unseres Alltags, unseres Teams und nicht zuletzt war er über Jahre der beste Kumpel von Camo – die beiden haben sich blind verstanden.

Danke, Mino.
Danke, Lori.

In Erinnerung an Chila

Chila kam 2008 als Welpe aus dem spanischen Tierschutz nach Deutschland. Ende 2009 fand sie schließlich ihr Für-immer-Zuhause bei meiner mittlerweile guten Freundin Rossi.

Ich durfte Chila über viele Jahre hinweg begleiten – sie war eine langjährige Teilnehmerin in meiner Hundeschule, eine Freundin von Carlino und Camo (auch wenn sie andere Hunde eigentlich doof fand), und eine Hündin mit ganz eigenem Kopf. Manchmal – ganz selten – freute sie sich, wenn sie mich sah – für Chila alles andere als Selbstverständlich, denn das Thema Mensch war genauso herausfordernd wie andere Hunde …

Im Januar 2025 ist Chila im stolzen Alter von fast 17 Jahren gestorben. Dieses Buch hält sie fest – als Model, als treue Wegbegleiterin, und als wundervolle Hündin, die sich in viele Herzen geschlichen hat.

Mino

Chila

Astor

Mogli

Astor

Astor ist ein schwarzer Schäferhund, der aus einem ungarischen Partnertierheim ins Kölner Tierheim kam – und von dort in sein heutiges Zuhause. Als ehemaliger Tierschutzhund war der Start nicht immer leicht: Hundebegegnungen sind bis heute eine Herausforderung.

Astor hat sich dank seiner super engagierten und tollen Menschen Markus und Denise zu einem entspannten, zuverlässigen Begleiter entwickelt. Ob im Restaurant, auf Reisen oder in neuen Situationen – Astor bleibt gelassen und offen. Er ist ein wunderbares Beispiel dafür, wie viel Potenzial in einem Hund steckt, selbst wenn der Anfang schwierig war.

Mogli

Mogli ist ein Mix aus Holländischem Schäferhund und Kurzhaarcollie, der mit Frauchen Svenja die Hundeschule von Ellen rockte. Seine ersten Jahre waren wild: viel Energie, wenig Impulskontrolle.

Mit Geduld, Humor und Training wurde aus dem kleinen Chaoskopf ein richtig starker Partner. Mogli ist heute nicht nur ein verschmuster Begleiter, sondern auch ehrenamtlich als Flächensuchhund im Einsatz – in der BRH-Rettungshundestaffel Rhein-Sieg e. V.

Für Camo

Als ich dieses Buch geschrieben habe, war mir leider nicht bewusst, dass du nur noch Monate an meiner Seite sein wirst …

Camo, ich danke dir von ganzem Herzen, dass du mir dein vollstes Vertrauen geschenkt hast, und dass ich so viel von dir lernen durfte, du mich noch mal an meine Grenzen und zum Nachdenken gebracht hast …

Ich danke dir für jeden Tag, den du mir geschenkt hast und den wir zusammen verbringen duften.

Danke, dass ich dein Mensch sein durfte.

Du hast mein Leben so sehr bereichert und ich kann mir keinen besseren Tierschutzhund vorstellen, der mich so sehr bewegt und geprägt hat.

Ich liebe dich von Herzen & das einfach für immer.

Ich war bis zur letzten Sekunde deines Lebens an deiner Seite und ich wünschte, wir hätten noch ein paar Jahre mehr miteinander gehabt oder ich hätte dich einfach ein paar Jahre früher kennengelernt.

Du Riesenköter & Löwenherz:

Es war mir eine Ehre.

REGISTER

LIVE HUNDESCHULE

Wenn du eine persönliche Betreuung mit deinem Hund wünschst und vielleicht sogar in Köln und Umgebung wohnst, dann komm in Ellens „Martin Rütter Hundeschule Köln" und buch dir jederzeit dein individuelles Hundetraining bei wunderbaren Trainerinnen.

www.martinruetter.com/koeln

ONLINE HUNDESCHULE

Falls du nicht in Köln wohnst oder zusätzlich ganz viel Bild- und Ton-Input haben möchtest und Ellens Erklärweise magst, dann gibt's Online-Kurse mit viel Humor.

www.ellenmarques.de

INSTAGRAM

Selbstverständlich ist Ellen auch auf Instagram vertreten und nie müde, dir viele Infos zum Thema Hund und Hundeerziehung zu geben.

ellen_marques_hundetraining

DANKE EINFACH MAL AN MICH SELBST ...

... dass ich – anders als in der Schule – mal wirklich zugehört und hingesehen habe.

... dass ich mich getraut habe, für Hunde lauter zu werden und auch mal wirklich drangeblieben bin, ein „gaaanzes" Buch zu schreiben.

Danke an meine Hunde Carlino, Camo und auch Medo, die mir vertrauten und vertrauen und wahrscheinlich „extra" ihre Baustellen mitbrachten, um mich immer besser werden zu lassen.

Besser im Verstehen, im Training, im Unterrichten und im Fünfe-gerade-sein-Lassen.

Danke an meine Freunde und Familie, die mich unterstützen und häufig erst einmal „in den Hintern treten" müssen.

D, C, V, T, M, M, L, S, R.

Danke.

BILDNACHWEIS

130 Farbfotos wurden von Klaus Schwaiger/Kosmos für dieses Buch aufgenommen. Weitere Farbfotos von Ellen de Sousa Marques (1: S. 138) und Laureen Ley (1: S. 39).

IMPRESSUM

Umschlaggestaltung von GRAMISCI Editorialdesign München, Claudia Geffert, unter Verwendung von 6 Farbfotos von Klaus Schwaiger/Kosmos.

Mit 147 Farbfotos.

Alle Angaben in diesem Buch erfolgen nach bestem Wissen und Gewissen. Sorgfalt bei der Umsetzung ist indes dennoch geboten. Der Verlag und die Autorin übernehmen keinerlei Haftung für Personen-, Sach- oder Vermögensschäden, die aus der Anwendung der vorgestellten Materialien, Methoden oder Informationen entstehen könnten.

Unser gesamtes Programm finden Sie unter **kosmos.de.**
Über Neuigkeiten informieren Sie regelmäßig unsere
Newsletter, einfach anmelden unter **kosmos.de/newsletter**

Gedruckt auf chlorfrei gebleichtem Papier

Pfizerstraße 5 – 7, 70184 Stuttgart
kosmos.de/servicecenter

ISBN 978-3-440-18135-5
Redaktion: Hilke Heinemann
Gestaltungskonzept: GRAMISCI Editorialdesign/Cornelia Sekulin, München
Gestaltung und Satz: Atelier Krohmer, Dettingen/Erms
Produktion: Angela List
Druck und Bindung: Westermann Druck Zwickau GmbH, Zwickau
Printed in Germany / Imprimé en Allemagne

FSC
www.fsc.org
MIX
Papier | Fördert gute Waldnutzung
FSC® C110508

probier-
pakete